室内设计师.**33**
**INTERIOR DESIGNER**

www.zhulong.com

图书在版编目(CIP)数据

室内设计师. 33，青年设计师 /《室内设计师》编委会编 .-- 北京：中国建筑工业出版社，2012.1
ISBN 978-7-112-13945-3

Ⅰ. ①室… Ⅱ. ①室… Ⅲ. ①室内装饰设计－丛刊
Ⅳ. ① TU238-55

中国版本图书馆 CIP 数据核字 (2012) 第 000001 号

室内设计师 33
青年设计师
《室内设计师》编委会 编
电子邮箱：ider.2006@yahoo.com.cn
网 址：http://www.idzoom.com

中国建筑工业出版社出版、发行（北京西郊百万庄）
各地新华书店、建筑书店 经销
利丰雅高印刷（上海）有限公司 制版、印刷

开本：965 × 1270 毫米 1/16 印张：11.5 字数：460 千字
2012 年 1 月第一版 2012 年 1 月第一次印刷
定价：40.00 元
ISBN 978-7-112-13945-3
（21988）

目录

# CONTENTS

# 巍巍台中塔

撰 文 | 王受之

因为参加一些设计研讨会、讲学、出版的事情，我去过好几次台湾，但总是匆匆忙忙，开会、拜见艺术家、评论家、学者，除了去年去的一次自己到处走走之外，基本就是从机场到会议室、宾馆的一条线，所以虽然说去过台湾好多次，我感觉好像还是没有去过一样。

大陆习惯叫"港澳台"，那是个政治统战的笼统称谓，其实这三个地方别说城市截然不同，人文历史也完全不像，就是人也不一样。对我这个在旧中国过来的人来说，台湾有种保存了旧中国人文、习俗、礼仪、言语方式的味道，有些大陆的朋友去台北之后，说城市有点"土"，我想这个"土"，其实不是乡下的"土"，而是我们在大陆久违了的传统之"土"。大陆现在每个城市都在力争做国际城市，要脱"土"气，殊不知"土"要脱不难：一场暴力革命就可以脱得干干净净，但是要保护这种"土"气，可就不容易了，因为需要"土"的人文氛围的烘托维护，经不起轰轰烈烈的冲击。因而我倒是很注意台湾的大项目设计，原因是怕这个"土"给地标性的项目破坏掉了。台北的 101 大楼，就是一个我自己感觉对维护"土"气没有什么补益的建筑，最近听说台中也要做一个超高的"台湾塔"，从项目开始招标我就注意，其实一直有一种对人文的关切在里面。

这个项目位于台中的一个公园内。基地可以说是市中心最后一块还没有开发的土地，位置和意义和柏林的坦帕霍夫机场有点相似。1970 年代以前，这里是个军用机场，随着台中航空站的建立，水湳机场形成，开始军民合用，后来又成为航空队和警察部队的基地加民用机场。机场四边有几个大学，比如著名的逢甲大学、侨光科技大学，还有汉翔航空工业公司。随着城市的建设，这个机场逐步被市区建筑包围了起来，因为这片机场用地隔开了台中的两个主要区域：中屯和西屯，阻碍了交通，2004 年，台中机场迁往清泉岗机场，水湳机场民用部分完全停止使用了，台中政府通过反复论证，最后决定把这片机场用地中心部分设计成一个森林公园，靠近大学的部分拨给逢甲大学，另外一些面积则作为大学城，同时还规划了台中工商展览中心，最突出的就是在这个公园中建立一个地标性的超高层建筑物，另外还有少部分开发高级住宅区。2010 年 5 月份审查通过之后，就进入国际投标了。其中森林公园是一个大项目投标，而其他的建筑则分开投标。

这个中央公园中间的超高层建筑，概念上称之为"台湾塔"，因为台北有一个超高层的 101 塔楼，台中的这个塔显然有和 101 争夺台湾地标的意思。不过，在公园中间做一个超高层的摩天大楼，并且不是写字楼、超高层公寓性质的建筑物，要做好还真是不容易。我们以前所见到的超高层投标，基本都是公建、商业两大类，加上景观设计早一年已经出台了，概念很突出，因此要在这个基础上设计一个与众不同的、又能够配合园林的超高层建筑，大家都很好奇地等待参加竞标的单位的方案。

我在周边坐计程车看了一下，整个开发地块北靠着台中的环中路，东面开发区则分出八个规格小区来，南部靠近河南路，西面靠近中山科学研究院、汉翔公司、逢甲大学，也靠近规划中的第 12 期，12 期里面有原料机场、空军的指挥塔、警察的刑事局犯罪打击中心等等。这整个开发区在台中叫做水湳经贸生态园区，和大陆的命名方式何其相似，什么都想说，结果名字就平庸无比了。

"台湾塔"是这个园区最早开始投标设计的项目，2010 年 8 月概念竞赛说明会上标明了塔基在生态园区内，两个多月后的 11 月份，竞赛方案全部都出来了。令人吃惊的是获得第一名的居然是一个大家都不了解的罗马尼亚设计师斯提芬·多林（Stefan Dorin），他的设计叫做“漂浮观景台”（Floating Observatories），形式惊人，细细想想，功能也很特别。用一棵树的形状，树干四边是巨大的“树叶”形的敞开式电梯平台，每一片“叶子”可以站几十个人在上面，是个敞篷式的观光电梯平台，慢慢升到顶部，可以观看整个公园、整个台中的景色，这种概念是在其他方案完全没有，虽然形式怪异，评委会还是给予第一名。

我看了这个获胜的项目之后，赶快去查建筑事务所，设计师多林早在 1975 年就在罗马尼亚的国营建筑公司做设计，做过一些参加国际投标的项目，其中可以查到的有巴黎的“拉德芳斯”高层建筑群中间的环境艺术带（Tête Défense, Paris, 1982），“新日本歌剧院”（New Japan Opera House, Tokyo, Japan, 1986），也设计了一些罗马尼亚国内的公共建筑，比较突出的有 1985 年的斯塔提纳青年文化中心（Statina Youth's Culture House），1987 送设计方案参加了在保加利亚的索菲亚举办的建筑展览会，叫做索菲亚建筑双年展（Interarch Biennale of Architccture, Sofia, Bulgaria），他的装置艺术作品“空间作品”（Space as Object）获得银奖。1990 年罗马尼亚齐奥塞斯库独裁政权倒台，多林就成立了自己的设计事务所，叫做“Dorin Stefan Birou de Arhitectura”，简称“DSBA”，是罗马尼亚最早独立出来的建筑事务所之一。

多林在公司成立之后，非常积极地参与各种项目的竞标，除了自己有这种困锢之后的幸福感之外，业务上也有一种不甘落后的急迫感，2000 年就投标设计布加勒斯特的“歌剧中心”（Opera Center, Bucharest），2005 年设计了日本爱知世界博览会的罗马尼亚国家馆（Romanian National Pavilion）的改造，2001 年提出了罗马尼亚城市康斯坦察的重新规划方案，也参加了很多重要的国际艺术、建筑展览，比如 1996 年的米兰建筑三年展，2002 年的威尼斯建筑双年展，他一直在布加勒斯特的建筑与规划大学（The University of Architecture and Urban Planning "ION MINCU" in Bucharest）教书。

多林提出的“漂浮观景台”概念从来自 25 个国家的 237 个入围竞赛作品中脱颖而出，特点我看一个是够高，第二是用外挂式电梯的概念扩大，形成多片外挂的观景平台，第三是这些平台好像一片片巨大的金属叶片一样，方案有敞开式的，也有设计成一个好些气泡一样的飞艇形状，每一个上可以站几十个观光的人，徐徐升上去一览无余地观看台中的景色，的确让人看了耳目一新，也实在能够代表 21 世纪建筑技术的成就、建筑概念的全新思考方式。

多林的方案是设计一个 300m 高的非常简单的高塔，作用类似埃菲尔铁塔，外部张出来 8 个巨大的观景平台，形状好像树叶或者气泡一样，每个平台可以搭乘 50 ~ 80 个观光者，因为塔高，通过缆索慢慢把平台拉到顶端，不但可以看到整个台中市，也可以遥望到台湾海峡，非常壮观。平台像一个手掌心、或者像一个树叶兜一样，观光者集中在“掌心”“叶兜”里，气泡外部用特殊透明塑料材料包裹，是很安全的。塔内部有博物馆、办公室、会议厅、餐厅、信息中心和旅游纪念品店，平台同时也是可以走出去的阳台，可以在静态中观赏景色，因此这个塔提供了动态、静态观景两个功能，在观光塔中并不多见。

多林解释自己的概念时，特别强调“叶子”形状。他说台湾岛是树叶形的，而树叶则是天然自成的，因此“台湾塔”的升降式平台采用树叶形状，生态、台湾的象征性都兼有了，也有科学技术之树的潜台词在内。用 8 片，是符合华人对 8 的这个吉利数字的习惯。说到树叶，他倒说自己看上去更像“齐柏林飞艇”，因为这些平台的设计，从安全出发，他还是想设计成一个个气泡形状的，材料计划用聚四氟乙烯（polytetrafluoroethylene，简称 PTFE），不要完全敞开，这样安全一些，同时也可以做到不受四季气候变化的影响。这些平台通过塔身上的轨道机械推动上下移动。“台湾塔”的竞标有很突出的生态、可持续发展的要求，多林的设计都考虑到这些要求，与纵向的塔身对应，他们使用了轴向涡轮机（axial turbines）做牵引动力方式，再在整个塔面上用硒光电池板包裹，使得塔通过太阳能发电的电能足够自己运作使用。

台湾雨水多，降雨量大，这些雨水都收集在塔底部的一个水槽里面，作为塔内部厕所洗涤冲刷水，也同时灌溉周边景观植物。那些树叶一样的“齐柏林”观光泡泡通过电磁场效应，“气泡”隔层里面充填了氦气，被阳光晒热了之后也可以成为能源，而在冬天则可以做观光平台内的暖气。

这个“台湾塔”投标确定了以后，就需要整个公园设计概念的出现了。2011 年 10 月 7 日，台中中央公园的总园区设计投标也出来了，是法国女景观设计师 Catherine Mosbach 和台湾设计师刘培森的方案从来自世界 22 个国家、58 个设计单位的方案中胜出的。这个方案最响亮的

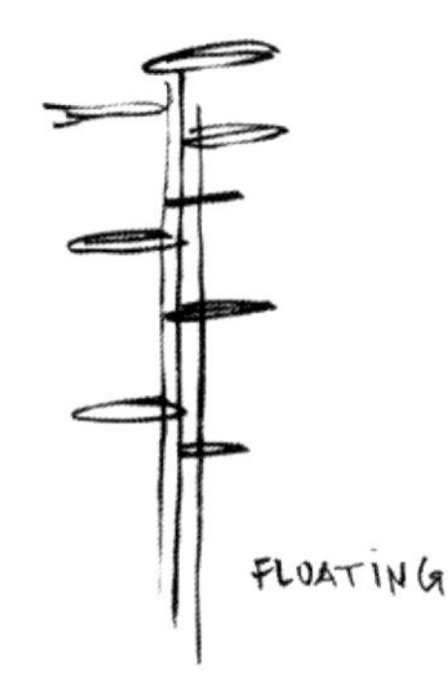


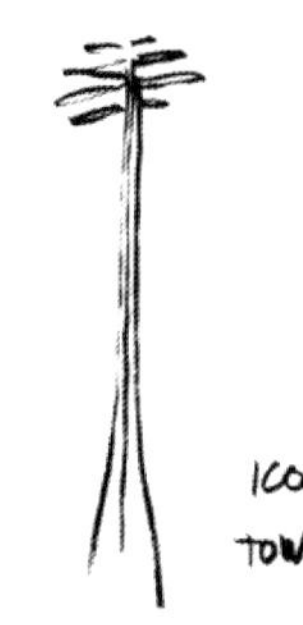

卖点，是通过设计“在景观区内装了250个生态调节器”，找出舒适地区配置各项设施，在环境中找适当的空间，而不是把设施配置在环境中，并对环境微气候进行调节。园林设计的评委特别提出这个设计是一件未来概念的公园作品，结合全球气候变迁与回归自然为设计主轴，在设计的时候，利用电脑模拟温度、湿度、污染物积淀的情况，根据这三个元素来创造一个舒适的户外空间，并通过高科技手段，对公园区域的微气候进行了周密的分析，做到微环境的控制、弹性空间使用方式，也考虑到营运的预算方式，很让人耳目为之一新。这个设计没有先例，理念前卫，特别是对传统景观园林设计概念是一次大突破。我看了这个景观方案之后，立即有种感觉：这个概念可能在几年之内会影响亚洲很多气候相似地方的公共园林设计的转变。

中央公园总投资为27亿新台币，占地面积68公顷，是台湾大都会区中最大的公园区域。这个景观设计根据上面提到的三个要素设计了凉爽区，位置在园区内最凉快的位置上，供民众休闲、品茶、上无线网络、会友、聊天；在园区湿度中最干爽的位置设计了干爽区，集中了运动设施，比如篮球场、棒球场、网球场等等。另外有穿堂风比较好的清新区，在这里设计了室外演出场所、儿童游乐场；在比较燠热的位置（暖和区）则放上了大型建筑物，包括台中城市文化馆、台湾塔、台中电影城。最潮湿的“湿气区”是种植潮湿气候的植物的，设计有睡莲池、兰花园。在这些区的交叉地段就是混杂区，设计了公众交流广场、休闲广场、舞蹈俱乐部等等。

250个生态调节器是被动调节器，不能增加碳排放与电力，必须利用自然因素就能够启动。各单位将来所规划设计的台中城市文化宫、台湾塔、台中电影院等都必须配合设置在暖和区，以免破坏公园原始规划，以热度转移、湿度转移、污染转移等非常先进的概念改变整个公园的环境。这个公园要成为水湳经贸园区的旗舰区域，使得这个区能够成为具有低碳、可持续发展、绿能生活的示范城市区域。

评选委员我看了一下，都不错，有美国哈佛大学景观建筑系主任Charles Waldheim、意大利绿色建筑家Mario Cucinella、日本建筑大师山本理显、台湾著名景观设计师张基义、刘可强、张莉欣、王明蘅等人。整个评选报告我也看了，非常国际化，也很公正，这个项目的设计胜出是真正使人心服口服的。END

# 在解构与重构之间

撰　文 | 李威

在中国，建筑设计师从模糊而笼统的“工程师”中被清晰地界定出来，说起来也不过就是三十年间的事情。室内设计师更要晚，这个称谓出现也就二十来年。五千年王朝史册中无休止的大兴土木，百工匠作秉持轨范师弟相承，大多以技师工匠而非艺术家或思想家的面目出现。当西方思潮以雷霆一击的方式碾碎了最后一个封建王朝的宝座，古国的精神统续亦在随后的百年中被欧美和苏俄价值体系的轮番侵袭撕扯得支离破碎。中国的第一代现代意义上的建筑师，如吕彦直、刘敦桢、童寯、梁思成、杨廷宝，在动荡战乱流离中挤出来的那段并不很长的岁月中，整理史料、测绘古建、传道授业、著书立说，并留下了数量并不很多的建筑佳作，但他们最鼎盛的时光却被消磨在一场文化浩劫中。国门几度开阖，等到中国人朦朦胧胧地意识到他们身边需要美的建筑，而美的建筑需要设计的时候，已经是20世纪90年代了。中国的第一批“明星”设计师，也是从这时起开始进入公众视野。这些当时不过三四十岁，在建筑师这个晚熟的行当中还算是“小年轻”的人们，其作品往往体量不大，具有相当的实验性、思想性和丰富性，因此虽然建设量在全国风起云涌的建设大潮中显得非常微小，但在业界和公众领域的影响力却非常大且深远，从而也隐然成为当代中国设计界的领军人物。

随着中国社会城市化、现代化、全球化程度的不断加深，设计师整体的角色定位从踏实认真辛勤的经济适用男（如果是女反而不够适用了）形象，日益演变成专业化、时尚化、传奇化的都市型男强女，同高干（子弟）、企业总裁、演艺明星一样跻身于言情小说和偶像剧主角职业热门选择，一些“星光”较为闪烁者，更是频频登上时尚杂志封面甚至代言广告。而生于1960年代中到1980年代初的一代设计人在近十年间已经逐渐成为设计行业的中流砥柱，与他们被媒体打上明星光环的前辈相比，他们显得有些低调。在这一期的“青年设计师”主题中，我们所采访的六位设计师，有的从教而兼顾设计；有的就职于大院，担任中层管理职务；有的拥有独立事务所；有的在涉外设计机构挑大梁……他们普遍没多少“成名”的意识；有理想亦很务实；有所坚持亦有困惑；脚踏实地，做得比说得多；他们更注重个人化的内省，热衷于思考，默默探究着怎样能营造出好的、属于当代中国的设计作品。

或许再过若干年，人们回望今天的中国，会发现这是个如漩涡般复杂变幻的年代。中国人逐渐从“外面的世界很精彩”的惊叹中平复下心情，回头检视起曾经被自己弃如敝履的东方传统智慧。文化和价值观反复消解与重组，谁也没法精准预言它会凝固成怎样的形状。就像狄更斯那段著名的论述：“这是最好的时代，也是最坏的时代；这是智慧的年代，也是愚蠢的年代；这是信仰的时期，也是怀疑的时期；这是光明的季节，也是黑暗的季节；这是希望的春天，也是失望的冬天；大伙儿面前应有尽有，大伙儿面前一无所有……”而所有的这一切，都会在建筑、街道和城市中留下清晰的印记——如果这些建筑、街道和城市、包括我们现在所记录下来的文字能够保留下来，或许没能赢得喝彩，但它们至少会如实地展现给我们的后代：这解构与重构之间的一代设计师、一代中国人的梦想、思考、博弈与挣扎。END

# 马晓东：基于本土和现实的设计

采　访 ｜ 卫霖

马晓东

1986　金陵职业大学建筑学本科毕业
　　　金陵职业大学土木系任助教
1986 ~ 1989 东南大学建筑系建筑设计及其
1992　理论研究生毕业，获工学硕士学位
1992~　东南大学建筑设计研究院，曾任苏州分院副院长、建筑室副主任、建筑创作所所长，现任院副总建筑师、城市建筑工作室设计主持、建筑设计及其理论专业硕士生导师

**ID** =《室内设计师》

**ID**　您学习建筑和从事建筑行业的初衷是怎样的？现在您的初衷是否已实现，或者说，设计师的生涯是否符合您最初的想像？

**马晓东**　当初高考选择专业时对建筑没有多少了解，甚至分不清建筑学与工民建专业的区别，只知道科学家、工程师、医生，不知还有建筑师这个职业。我选择建筑学的初衷是因为自小就爱好绘画，听同学讲，学建筑可以画画，于是乎毫不犹豫就选择了建筑学专业。现在我的初衷或许已实现，只是发现对职业建筑师而言，绘画已经不再像古典时代那么重要，但下工地是断然逃脱不掉的，建筑师有着不同的辛苦滋味。

**ID**　从东南大学的硕士研究生到硕士生导师，您所受到的建筑教育带给您哪些收获，又存在哪些不足？您现在如何教导您的学生？

**马晓东**　在建筑学专业学习的不同阶段，我受到的建筑教育给我的收获是不同的。在本科阶段，我知道设计一定要有“思想”。在研究生阶段，我见识并参与了导师设计创作的全过程，初步学会在设计中如何进行判断和选择，知道了建筑师做设计需要与不同的人物进行沟通，需要懂得并遵循设计规范，需要有技术概念与经济意识。印象最深的是从导师那里学会了如何削好不同的铅笔。可以这样认为，本科教育为我打开了建筑的一扇窗，研究生教育则为我打开了建筑的大门，并让我真正跨进了建筑的门槛。

当然，我们的建筑教学还存在不足，如设计教学与技术课程脱节，较多关注理念、思想、空间，但普遍缺乏对建筑建造等工程技术基本问题的有效引导与训练，造成建筑师综合能力培养的缺失。这将严重影响建筑学学生从学生到职业人这两个不同角色之间的平稳过渡与转换。我很幸运，我在研究生阶段遇到的导师是“正阳卿”组合。钟训正、孙仲阳、王文卿三位先生有着丰富的创作实践经验，并且具有全国性的影响。我从内心深处感谢三位先生，是他们弥补了我本科教育的不足，让我尽早跨进了建筑的门槛。但我的个人经历并非研究生教育的普遍状况。在设计院经历了多年的实践锻炼与积累，到自己也成为硕士生导师，我更加意识到我们建筑教育在设计与技术并重方面的不足。因此，得益于先生的言传身教，我在UAL 工作室内开设了设计与技术相关的系列讲座，从职业建筑师的角度引导硕士生在设计中关注相应的技术问题。

**ID**　您从 2006 年起担任城市建筑工作室（UAL）主设计师和合伙人，东南大学建筑设计研究院为什么要设立这样一个机构？您加入这个机构的缘由是怎样的？

**马晓东**　城市建筑工作室（UAL）是东南大学建筑设计研究院下设的以建筑设计及其理论研究为主要工作目标的跨部门开放型专业机构。工作室以城市建筑为主要关注对象，以建筑设计实践为主线，谋求基础性研究、工程实践和研究生培养的互动和融合，同时致力于创造一种既轻松又严谨、既丰富多彩又特色鲜明、既利于机构发展又鼓励成员进步的工作室文化。东南大学建筑设计研究院设立这样一个机构有两个主要目的，一是可引进建筑学院的人才，二是可构建设计院新的设计与研究基地，同时这也是东南大学建筑学院“建筑设计及其理论”专业研究生教育的实践基地之一。工作室主要成员由设计院建筑师与建筑学院教师组成，工作室公认的领军人物是韩冬青教授，长期的学院生涯以及从未间断的工程实践使他对建筑具有很深的洞察力。我研究生毕业后一直在设计院工作，设计院的职业状态致使建筑师长于实践而疏于理论梳理。对各自职业状态的共同感受以及对设计品质的共同追求使大家走到了一起。另外，韩教授是我的同门师兄，学业的亲缘感也是我加入这个机构的一个基本缘由。

**ID**　您和其他几位主创设计师带领 UAL 在近几年间完成了大量各种类型的项目，我们注意到，这个团队的成员都相当年轻，可否谈谈这个年轻团体的特点？

**马晓东**　我们这个团队在人员结构上由主创设计师、建筑师、助理建筑师三类人员构成。4 位主设计师均为兼职人员，平时均有各自的本职工作。建筑师又可细分为两类人员；一类是工作室的固定成员，由毕业工作 2~3 年的研究生组成；另一类成员为博士生，人员具有流动性。助理建筑师由硕士生构成，人员也是流动的。人员构成的特点决定了UAL是个年轻的团队，研究生培养是UAL一项重要工作任务，并且注重研究生的自主研学。与一般大院和独立开业的个人事务所相比，大学背景下的UAL工作任务和工作方式可能是最大的不同之处。UAL机制上采用互动、互补、磋商的合伙人机制，可充分发挥整体团队的优势。同时，UAL注重提升青年骨干的关键作用，注重加强团队的整体性建设。另外，UAL也是个开放的机构，注重与境内外同行的沟通与交流，而工作室几位成员的国外建筑教育背景使境外的交流更加通畅。

**ID** 请谈谈您个人的人生哲学及设计理念。

**马晓东** 总体来说，每个人要想将事情做好，要首先学会做人。因此，我的人生哲学是诚实做人、认真做事。我的设计理念是建筑虽有不同，但设计应当针对人的多样需求，探寻建筑与场地和环境的内在联系与整体秩序，在现代语境下传承地方及历史的文化与精神，并以恰当的材料和技术表达建筑应有的品质与个性特征。

**ID** 我们注意到您主持的一些项目中有着低技和材料本地化的主张，这是出于项目的特定要求还是您个人的理念追求?

**马晓东** 我的一些项目确实有低技和材料本土化的倾向，但这并非一概而论，不同的项目还是应区别对待，我个人并不排斥新技术和新材料的运用。就具体项目而言，一方面设计采用的技术和材料应当符合该项目的设计逻辑与理念，也就是项目的特定要求。另一方面，设计应结合不同经济条件、技术条件、施工人员素质等因素，兼顾现实建造条件的制约，这也是我多年来实践的认识。如果脱离这个约束条件，其建造结果往往会使建筑师痛苦不堪。大多数中小型项目通常不可能有较高造价，也不会有高素质的施工队伍参与建设，例如南京马子山回民公墓项目就是当地村镇队伍承担施工的，并且造价很低。为保证基本建造品质，低技和材料本土化无疑是一个有效策略。

**ID** 在您主创的南京马子山回民公墓服务站项目中，我们注意到您并没有过多采用伊斯兰教的符号。项目说明中提到“该设计旨在传达穆斯林平和的生死观，而非宏大的纪念性”，请谈谈您具体是如何传达这些观念以及平衡宗教诉求、使用者需求及场地条件的?

**马晓东** 马子山回民公墓位于乡村丘陵坡地，服务站作为公墓的配套用房是墓区的唯一建筑，面积约320平方米，含有办公、休息、厨房、餐厅、卫生间、库房等功能。功能定位明确服务站是为生者服务的，它既不是殡葬场馆，亦非宗教礼拜场所。因此，设计应对功能表现出的平和与生活化而非纪念性是与教义是相吻合的。其次，如何回应回族的民族与宗教特性以及公墓所处的乡村环境是设计无法回避的挑战。对此，设计试图通过空间营造和材质处理表现出特定地域条件和文化背景下回民墓地的环境特质。

墓区服务站建筑的平面设计原型源于回族的“回”字，以此契合公墓主人的民族和文化属性，并形成建筑的院落空间格局。“院落”也是江南传统建筑的核心元素。“回”字内院保持正南北向方位，而建筑外廓顺应基地边界扭转并与原正交边界叠合，形成五边形外部边界。院落空间层次有三：一是中心院落空间，类似传统的四合院空间；二是大门南侧留出的小天井和边缘小院，营造出江南园林的边角天井的空间意趣；三是院墙围合建筑形成的外部院落空间。

薄片望砖曾是江南一带传统民居屋盖建造中铺设于木椽之上的通用材料，是传统黏土砖中的一种。依照伊斯兰教的教义，“安拉”用泥土造化了人的生命，又回归于泥土之中，然后再从泥土中复活。黏土砖取自于土，由此契合了伊斯兰教义的生命观，并获得了与乡土景观天然的和谐品质。薄片望砖对建筑外墙面和屋面形成整体包裹，获得了这个小尺度建筑所需要的纯粹性。对应于墙面与屋面两种不同的界面属性，设计采用了不同的构造肌理：实墙面选择错缝贴面，避免望砖尺寸差异所带来的混乱。屋面通缝拼贴，每垄之间立砌一片望砖，产生出类似于瓦垄的光影效果。大面积窗洞口用清水望砖作格栅式砌筑，内配扁钢条，以加强构造的安全性。中心内院地面采用清水砖立铺，进一步强化了院落空间界面的材质一致性。

钢和木被用来作为辅助材质。墓区大门混凝土门架仍以薄片望砖贴面，门架以内用H型钢构成伊斯兰尖券式样，尖券与框架间填充经过变形操作的古兰经文图案。该图案由10厚钢板手工气焊切割而成，呈整体板块。钢构尖券和钢板图案表面施以伊斯兰文化中的代表性绿色。带有明显手工痕迹的钢板经文图案在天空明亮的背景下，呈现浓郁的剪纸工艺效果。类似的手法再现于内院轴线上的两个窗洞，其间填充的钢板几何花饰运用了伊斯兰典型图案。这两个窗洞与其他玻璃窗的差异性使服务站与室外墓区获得了恰当的空间联系。

这项设计尝试以普通材料、低造价和低技术应对乡村的建造条件，通过院落空间的营造和整体的材料把握及简洁的细部设计表达特定的项目性质，并且低调传承了江南乡村的地方建造意向和伊斯兰文化特质。

**ID** 您怎样看待设计师的人文关怀问题?

**马晓东** 我理解设计师的人文关怀是应当关心人多层次、多方面的需求。不仅关心物质层面的需要，更要关心精神文化层面的需求。“实用、经济、美观”建筑三原则中有两条是对此提出的明确要求。建筑的根本目的还是为人服务，满足生存的物质需求是首要任务，精神、文化层面需求则是进一步的更高要求。“以人为本”的设计不是一句空泛的口号与标签，应当贯彻在设计过程的始终，并体现在整体与细节当中。

**ID** 请谈谈您认为对中国青年建筑师而言，当今从事设计工作最需要认清的是什么?

**马晓东** 我个人认为最需要认清的是在纷繁的设计潮流面前，要探寻扎根于本土的设计创作道路，避免盲目地跟风。从设计的基本问题出发，研究不同项目的关键与核心问题，并以个性化的逻辑方法加以体现，同时依据现实的建造条件采用不同的设计策略及技术手段应当是一条有效且健康的途径。END

# 南京马子山回民公墓服务站

# NANJING MAZISHAN CEMETERY FOR HUI PEOPLE

撰　文 | 马晓东
摄　影 | 耿涛、马晓东

| | |
|---|---|
| 地　点 | 南京市江宁区湖熟镇新跃村马子山地块 |
| 基地面积 | 34800m² |
| 建筑面积 | 320m² |
| 建筑结构 | 钢筋混凝土框架结构 |
| 主要材料 | 薄片望砖、钢材、玻璃、木材、豆石 |
| 设计时间 | 2006年11月～2007年11月 |
| 竣工时间 | 2008年11月 |

设计主旨

整个墓地坐落在一个东西狭长的西向坡地上，墓区周边丘陵起伏，散布着农田、村舍和一片砖瓦厂。院落式墓区服务用房位于基地西南地势低处，临近公路，服务房东侧主入口呈不均衡对称呼应墓区东西向轴线。具有伊斯兰风格和图案的墓区大门设在墓区西端，通过引路与公路相接。回族的丧葬礼俗有速葬、薄葬、土葬三个特点。依照伊斯兰教的教义，“安拉”用泥土造化了人的生命，又回归于泥土之中，然后再从泥土中复活。在古兰经的指引下，穆斯林葬礼崇尚简朴。这项设计旨在传达穆斯林平和的生死观，而非庄严宏大的纪念性。设计试图通过空间营造和材质处理表现出特定地域条件和文化背景下回民墓地的环境特质。

院落空间

墓区服务站建筑的平面原型源于回族的“回”字，以契合公墓主人的民族和文化属性，并形成建筑的院落空间格局。“院落”也是江南传统建筑的核心元素。“回”字内院保持正南北向方位，而建筑外部形体顺应基地边界扭转并与原正交边界叠合，形成五边形外部边界。双坡屋面随正交与扭转方形的控制边线而起伏，由此产生随机变化的屋面轮廓。院落空间大致分为三个类型：类型一是中心院落空间，类似传统的四合院空间；类型二是大门南侧留出的小天井和边缘小院，营造出江南园林的边角天井的空间意趣；类型三，东侧院墙与建筑外墙合为一体，其余三面院墙围合建筑形成外部院落空间。

材料建造

设计建造强调以普通材料、低造价和低技术应对一般的建造条件，并表达江南地方意向和伊斯兰特征。建筑内外、院墙及大门的外饰材料为薄片粘土砖，从墙面一直包裹到屋面，区别只是贴法不同：墙面为错缝贴面，产生清水砖墙的效果，屋面通缝拼贴，且每片之间立砌一片薄片，产生瓦垄的效果。建筑窗洞口除玻璃外填充材料分两种：一类是大型窗洞口采用清水望砖格栅式砌筑，内配扁钢条，另一类选择轴线上两个窗洞口填充钢板几何花饰，呈伊斯兰典型几何图案。中心内院周边的檐廊顶棚是该项目唯一采用小木作的地方。人字形木格栅表面饰清水漆，格栅内嵌入筒灯。清水木质的暖性特质恰当地起到抚慰人心的作用，同时也呈现出传统院落檐廊的意象

墓区大门混凝土门架以薄片黏土砖贴面，用H型钢构成伊斯兰尖券式样，尖券与框架间空挡填充经过变形操作处理的古兰经文图案。图案由10厚钢板手工气焊切割而成，呈整体板块，钢构尖券和钢板图案表面施以绿色——伊斯兰代表色彩，近看带有明显手工痕迹，远看时在天空明亮的背景下，则呈现浓浓的剪纸效果。END

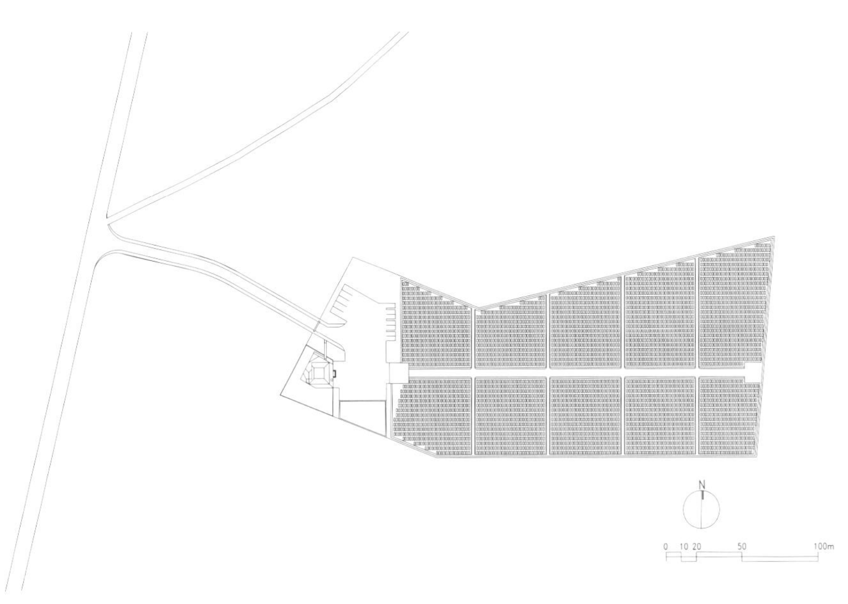


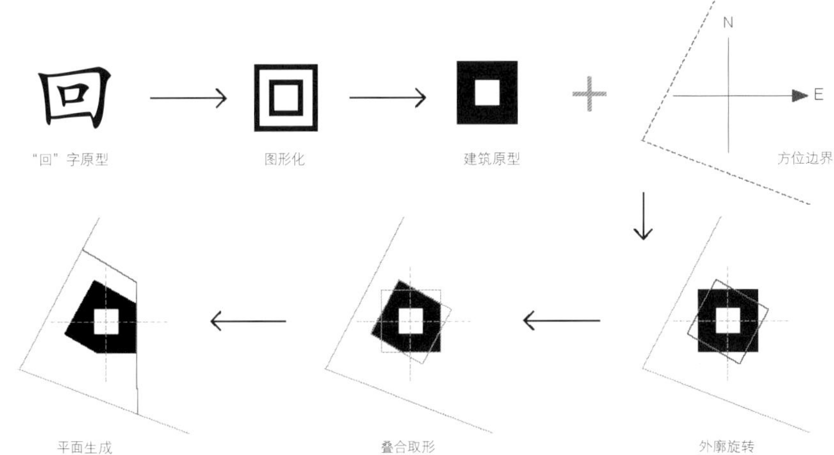


1 总平面
2 概念生成
3 粘土薄砖饰面

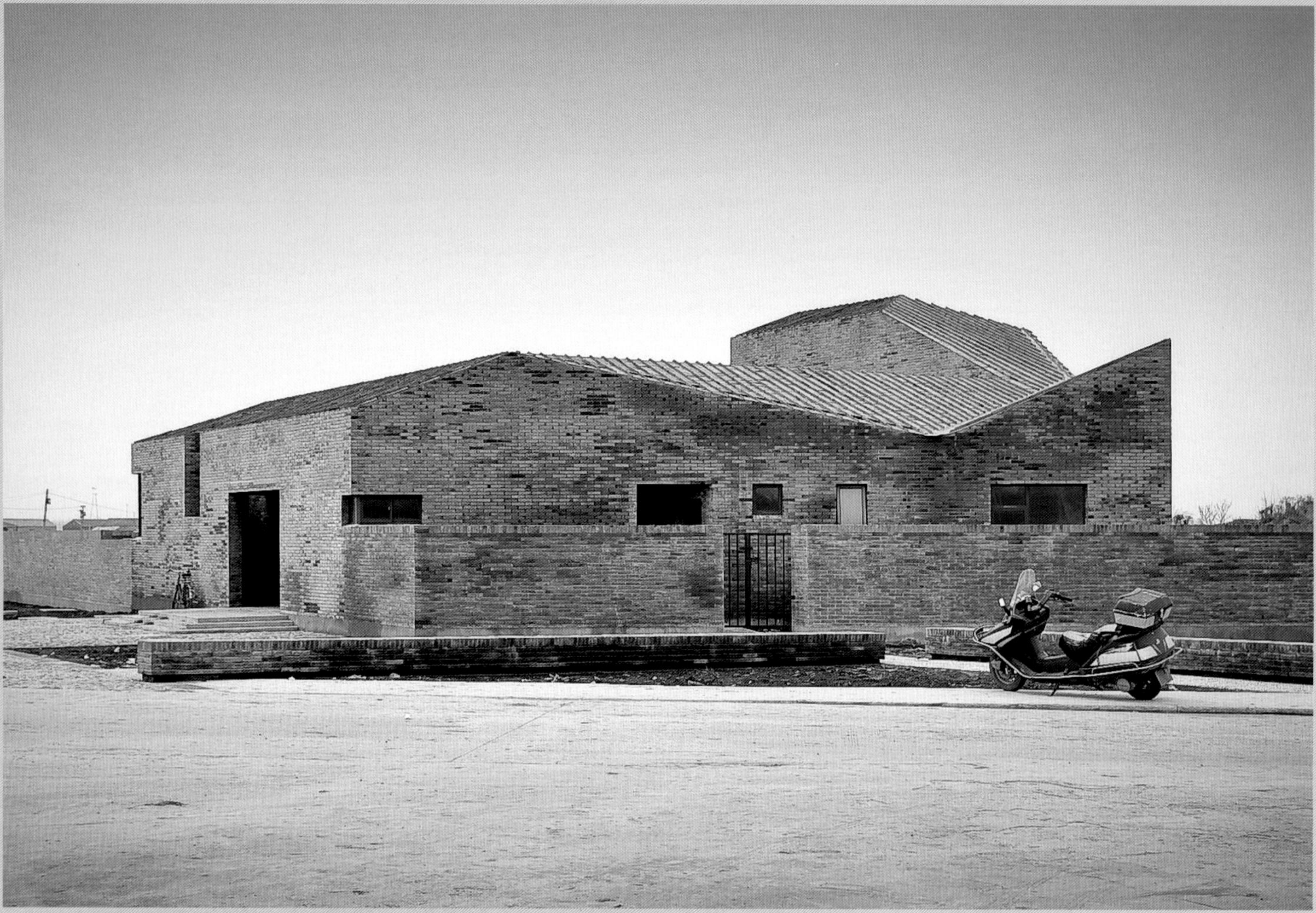

1 薄砖包裹形体
2 平面图
3 中心内院清水砖立铺地面

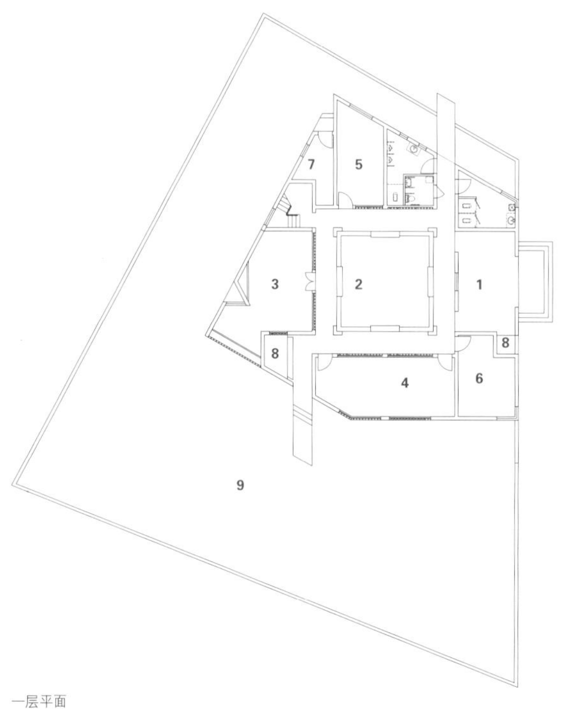


一层平面

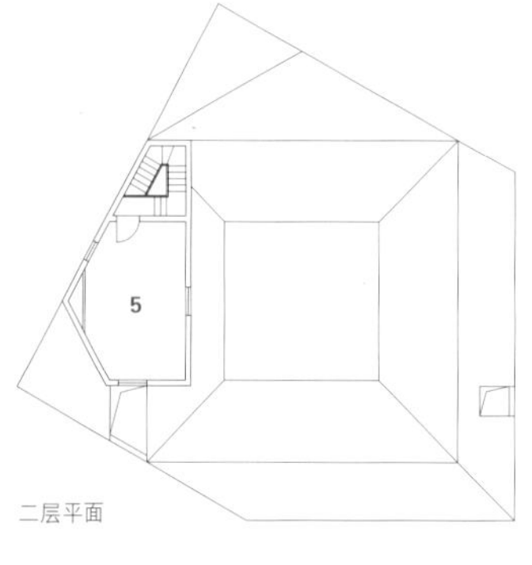


二层平面

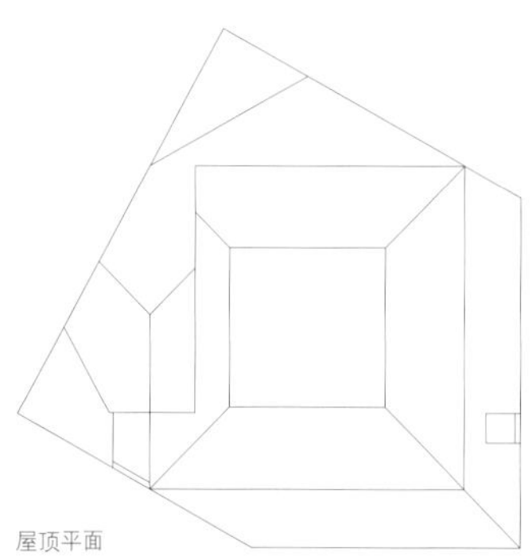

屋顶平面

1 门厅
2 四合院
3 休息厅
4 餐厅
5 办公
6 厨房
7 储物
8 小天井
9 花园

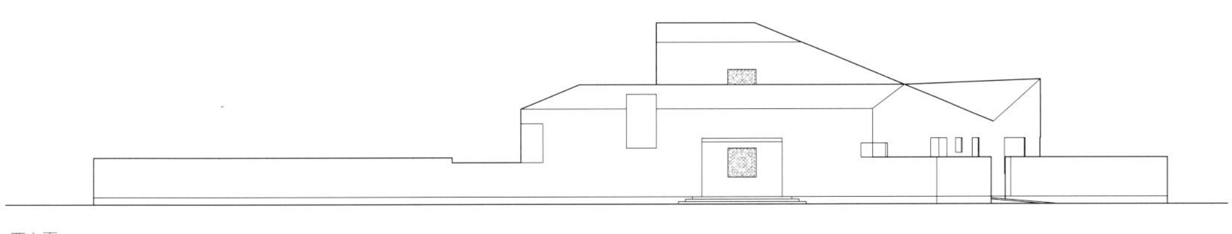

西立面

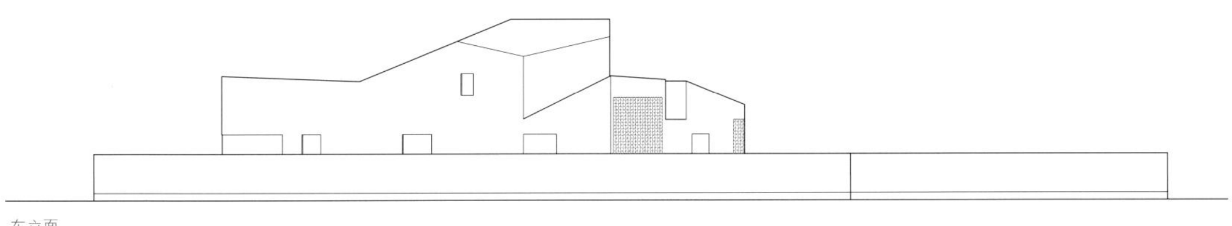

东立面

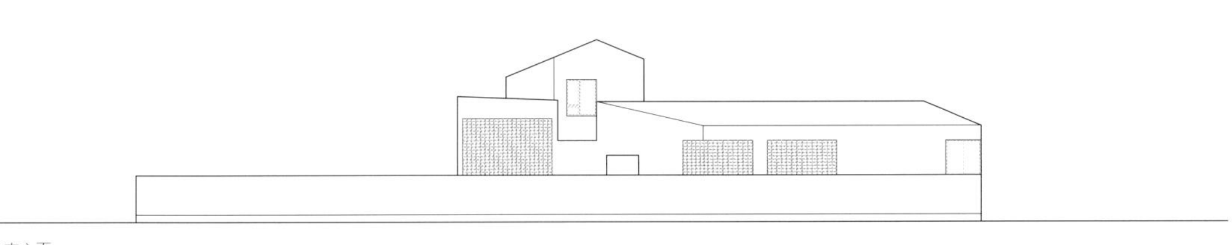

南立面

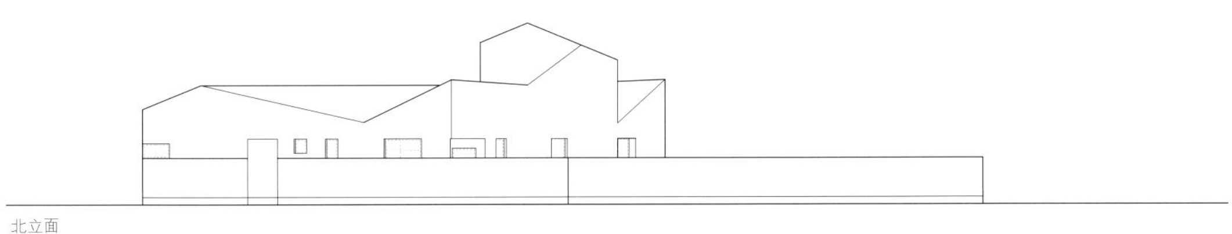

北立面

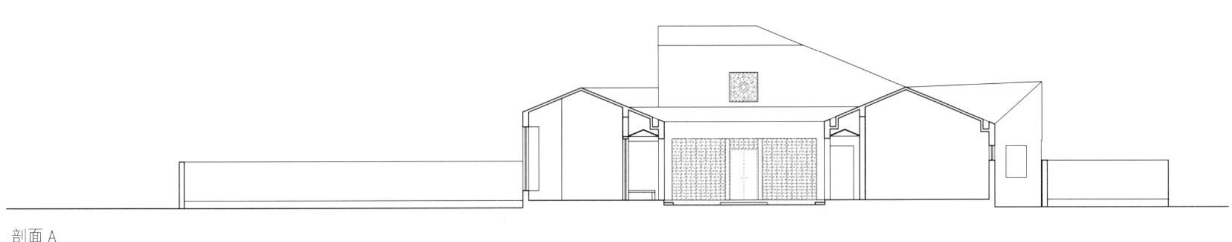

剖面 A

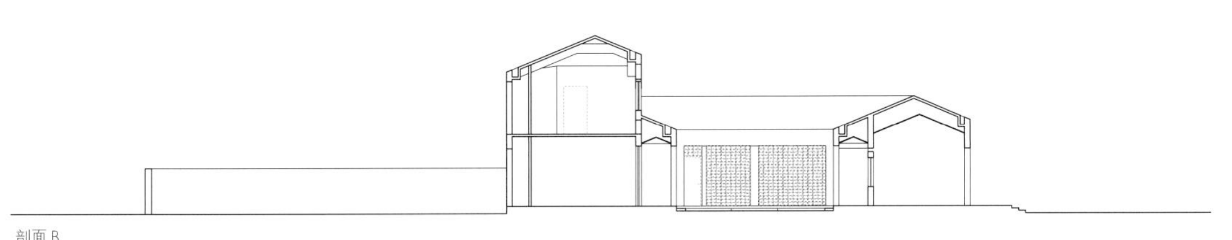

剖面 B

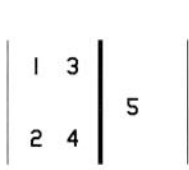

1 建筑细部
2 小天井意趣空间
3 望砖格栅
4 天井和中心院落
5 剖面和立面

| 1 3 | 5 |
| 2 4 | |

1 公墓大门
2 人门手工气割钢板花饰
3 内院钢板几何窗饰
4 手工气割钢板几何窗饰
5 内院回廊清水小木作

# 刘淼：卷挟理想与困惑前行

采　访 | 谷雨

刘淼

现任北京市建筑设计研究院副总建筑师
高级建筑师
国家一级注册建筑师
中国建筑学会教育建筑分会委员
硕士生导师

曾获得中国建筑学会青年建筑师奖，作品多次获得院设计奖、北京市优秀工程奖、首都建筑设计汇报展奖、世界城市发展协会 WACMD 世界城市优秀建筑奖、建设部优秀工程设计奖等各类奖项

**ID** =《室内设计师》

**ID**　您怎么想到要学建筑设计的？在北京建筑工程学院就读的经历给您带来了怎样的影响？

**刘淼**　其实当初对建筑根本不了解，倒是受父亲的影响对画画比较感兴趣。高三那年，有天语文老师来上课时带了一本陈志华先生的《西方建筑史》，我就顺手翻了翻，这下子就停不下来了，我觉得这个专业太有意思了。我就定了——高考就考建筑。但实际上那时候都是想当然，都不知道建筑学和工民建是有区别的，志愿全报的建筑专业，直到上了大学才真正闹明白这个专业是干什么的，也真正喜欢上了这个专业。

读大学时我幸运地遇到了一批特别好的老师，南舜熏先生教我们设计，英若聪先生教我们西方建筑史，臧尔忠先生教古建，王其明先生教规划，姜中光先生教建筑初步，傅义通先生时任系主任，你想想这是多豪华的阵容！这些老先生治学严谨，为人正直，有着很强的人格魅力，英文好，专业强，西方建筑史丛书中有不少都是他们翻译的。他们不是用课本来教育人，而是言传身教。要说到专业的学习，我认为大学这几年就是入个门，开阔眼界，知道自己要干什么，真正能影响你还在于老师。现在很多高校盲目地开建筑专业，可是师资完全跟不上。

**ID**　毕业后您就直接进了北京市建筑设计研究院，其间曾经离开又回归，能否谈谈您的实践经历？比如您个人进出体制“内”“外”的过程，以及大院对于个人成长的优势和劣势。

**刘淼**　1992 年我一进北京院就分到了赵东日工作室，当时我们叫“老专家工作室”，没有直接下所，所以进入工程实践要晚一些，但是也得以接触到傅义通、张德沛等老专家，亲身体会老一辈建筑师如何做人做事，从中受益匪浅。直接指导我的也是胡越、褚平这样名师级的人物，说实话我觉得我天资一般，但幸运的是总能遇到高人。在工作室呆了两三年之后到了二所，这两三年间最大的收获是我找到了做设计的自信——我确实有这个能力，而且我能成长。设计师的自信心其实特别重要，因为设计师是为自己活着的。

1997 年我的设计生涯遇到了第一个转折点。我主持了北大太平洋项目的设计，做这个项目的时候我就真正感觉到人沉进去了，不浮躁了，每天从早到晚心里想项目了。到了 1998 年，北京大学管基建的马校长邀请我参加北大校史馆设计的投标，最后中标了。这个项目可以说让我获得了设计的顿悟。这是个小建筑，3000 多平方米，其挑战在于如何在老环境中嵌入新建筑。当时我做了大量设计方案，甚至实施方案已经不是中标方案，因为不断在推翻和修改。建筑和环境的关系如何在协调中又有亮点，我似乎找着点儿感觉了，并且由此开始到现在一直贯穿在我的设计中。这个项目后来拿到了包括 1999 首都建设设计汇报展十佳奖、专家奖等在内的七个奖项。

2000 年，我 30 岁的时候，辞职离开了北京院。主要的原因还是为了个人发展。30 岁可能是很多年轻人的动荡期，在一个地方待久了会开始焦躁。我离开了两年，跟人一起开办了个小设计公司，这两年我终身难忘。很辛苦，要做项目，还要处理与政府部门的关系、与业主的关系、合伙人之间的合作关系，团队的管理……当时不觉得，还信心满满，现在想想，那时自己就是个小孩儿。这两年对我来说真是魔鬼训练，我记得跟一家加拿大公司合作，甚至帮着业主去谈合同我都是主力。有人说你那两年要是没走就好了，我不那么看。我觉得这两年我命里注定要有，对我的成长很有必要，让我掌握了设计的系统，认识到了一个建筑的实现要找到平衡点，人要学会变通，为我后来的回归做了很好的准备。

其实关于体制内外的差异这些年经常被讨论，现在想想我认为这些根本不重要。就像易学命理讲八字流年生克，一个人的生辰八字（内因）对应不同的流年运势（外因），会产生或顺或逆的结果。同理，人的个人情况是内因，环境是外因。大院也好，小公司也好，就是环境，不同的人的内因遇到不同的环境，有一个合不合的问题。有人在大院就呆不住，有人就离不开，体制内外都有其优势和限制，但无论体制内外，都有人成功，有人不成功。这里面体制确实有影响，但我觉得最关键的还是这人是不是适合这个环境。体制无所谓优劣，只能说对于具体的某个人是优是劣。

**ID**　感觉您性格中似乎有着很随性很理想主义的一面，可否谈谈您的建筑理想？比如说您觉得什么是好的建筑？

**刘淼**　确实是这样。理想主义在我身上是缺点也是优点，因为有这种理想主义情结，自然会流露在言行中，也会感染别人，反之也会比较容易得罪人，容易捅篓子。但无论如何，我改不了，这是天性，而且这也是我最大的特点，如果改了就不是我了。

至于建筑理想，我觉得随着我阅历的增长，这个理想是不断变化着的——原来在天上，现在回到地上了；原来希望能进展览馆，现在回到大街上了；像摄影镜头，从聚焦在建筑上拉回到整个城市了；从迷恋某个大师到明白什么是不值得迷恋的了，比如我现在迷的就是谢英俊这样踏踏实实埋头乡土做设计的。那么说到什么是好建筑，这个问题让我特别迷茫。这可能也是跟建筑理想的变化相关。我给自己提了好多问题：鄂尔多斯康巴什的那些设计师作品，都很有设计感，可它们好吗？全国各地的老城区，做“假古董”建筑被谴责，而一些置入老街市中的精致的新建筑也受抨击，原因何在？我们到世界上那些古老的城市和村落，它们是那样动人。可是如果我们学它，就成了假古董；如果我们反其道而行，我们又给后人留下了什么？几十年几百年后的人看我们今天留下的城市，会有我们看前人留给我们的城市、村落、街道时的热爱、感动和留连忘返吗？有的“建筑艺术家”一直在做些概念性的作品，设计本身挺有意思，可又难掩设计人躁动的用心以及设计跟商业、名利的关系，这样的设计好吗？大家追捧这样的设计师，可他算真正的好建筑师吗？他给社会带来什么了？他给咱们中国的城市带来什么了？我真的很迷茫。当然，不是说我就无法判断好建筑了，我对建筑确实是有评价的，可是这种评价我无法清楚地表达。以我现在的体悟，这还是一种“一见钟情”式的判断，而一见钟情是讲不出为什么的。

**ID** 那您觉得建筑师应担任何种社会角色？您如何定义建筑师的成功？

**刘淼** 我觉得建筑师作用巨大，但他是社会链条上的末端。举例来说，当年的梁思成先生，与政治发生碰撞的时候，就碰得头破血流；今天的扎哈，在欧洲都没有做过大项目，在中国，因为有了权力的提携和资本的选择，就能连续在北京、上海、广州实现大型项目。不是你行不行，而是社会链条的前端选不选你。我觉得，在社会中希望自己能够充当什么角色的设计师，一定是痛苦的。你只是个专业人士，所以我就认为要从梦走回现实，就发挥你处于链条末端的作用。

前几天我去参加一个名人堂的颁奖会，获奖人之一据宾的获奖感言让我特别感动。他话不多，主持人问了他好多为什么这样为什么那样，他说“我就想认真做好每一件事”，主持人又追问为什么要认真做好每一件事，他说“我觉得这是应该的”。这两句话听起来很一般，可是作为一个设计师面对外界的种种诱惑和压力，能认真做好每一件事并且认为这是应该的，非常不容易。一个刚毕业的学生体会不到话里边的艰辛，我走过二十年了，才会为这句话感动。所以一个设计师能理所当然地认真地做好每一件事，我就认为他是成功的，与金钱、权势、社会地位无关。

**ID** 您说到从梦走回现实，但理想和现实往往不可避免地发生碰撞，您如何平衡和协调？

**刘淼** 理想和现实发生碰撞，如果是人生范畴，那没办法，就是生不逢时怀才不遇，比如唐伯虎；如果狭义地指建筑设计，我觉得是好事。这个碰撞有人之间的碰撞，有项目跟城市环境之间的碰撞，有文化的碰撞，只有发生碰撞的时候才会产生特殊性，设计才会有乐趣。好比两个人下棋，棋逢对手，棋局才能传世，水平相差太多，这棋也不用下了。平衡和协调，就是博弈。比如设计师常会遇到和业主在价值观上有冲突，我觉得这个时候首先要反省自己，哪怕业主的要求是无理的，你要调动智商和情商，判断他内心真正想要的是什么，而不能一味抱怨业主低俗、不讲道理、不懂建筑，他都懂了还找设计师干嘛？就是因为业主不是专业人士，有时他的表达是有误的，可他的初衷未必不合理。这也可以说是我的一点经验之谈，我常说我做方案的方法是中医而非西医。西医头痛医头脚痛医脚，中医是找到本源。设计师应该能够敏锐地抓住事情的本质，反馈给业主修正过的理想。设计师是社会中的一员，要对社会负责任，如果你希望你的作品不光是满足业主，还不能沦为城市中的垃圾，那你要做的就是设计一盘棋的大局，而不是只考虑下一步。既能让自己的理想持续下去，同时也解决了现实问题，这是设计师需要锻炼的能力。遇到碰撞无法操控，是你的能力、人格魅力还不够。

**ID** 我们看到了一些您对于建筑与城市理念的诠释，请具体谈谈。毕竟很多设计师更倾向于关注单体建筑，您为何会着眼于城市？

**刘淼** 刚才也说到，我对建筑与城市关系的顿悟，始于北大校史馆的设计。其实建筑要协调于城市或环境这样的话，满世界都在讲，元素不外乎肌理、尺度、色彩、风格，教科书里都有，可是真到具体做的时候你就知道了，这是一道很难的题。过于机械地附和城市，就会“不建筑”；过于强调建筑个性而忽略城市，建筑将来在这个城市里就待不住。后者可能大家都理解，但前者不是所有人都明白的，我觉得前者更难处理。大师能把一个房子插在老街区里，还很美很和谐，那是他的功力。他在处理建筑与城市环境关系时，在大家都理解的共性之上，还有他与众不同的手法，那也是他的天赋所在。没有这样的天赋，就只能很平庸地、机械地处理。我在这个问题上是有点宿命论观点的，这是学不会的。就像做总平面图，实际上对建筑与城市关系灵感开始的迸发是在总图关系上的，不是所有人都能做好总图，可以做到没什么毛病，但不一定精彩，精彩需要天赋。对于我个人来说，我要纠正一下，也不能说偏重于城市。高水准的建筑，其创作一定是多元的。有扎哈，就有赫尔佐格；有安藤忠雄，就有贝聿铭。可不论创作思想如何风格迥异，在这个水准的人，他们能做出让人吃惊的作品，绝对都是以尊重城市为出发点的。即便是扎哈那样奔放自我的设计师，她做设计绝不是不管不顾的，但是很多年轻的学生看不到她对环境的思考，只学了皮毛。我们姑且把那些不懂得尊重城市的人放在一边，我不觉得把眼光放在单体建筑上就等于不尊重城市，只是其尊重的方法和角度不同。这种方法或许是由外而内，或许是由内而外，他们对城市都是有贡献的。所以说，着眼于城市，我认为是一种建筑设计的方法。而不是说着眼于城市，就忽略了建筑设计。我觉得和谐于城市那是应该的，但不是我要做的事情，我希望通过我对城市的研究，寻找其中的建筑的火花。

**ID** 谈谈您和您身边的设计师的生活状态。

**刘淼** 忙碌，忙碌，忙碌，而且一直未停歇。但对于我这二十年的忙碌，我觉得是幸运的，因为我在为我喜欢的事情而忙。如果说我和我所知道的设计师的生活状态，我觉得可以分为两类：一种是主动和被动，主动的是身体忙，精神放松而愉悦；被动的人是心灵忙碌甚于身体，很多自觉一事无成的人，其实挺忙的，特别是心忙，每天要想是否做好了领导交待的事，之后又各种纠结懊悔，怎么就不能做回自己？大脑被自己所忙碌的事情占领，根本没时间去独处和思考。第二种分类是生活和生存，这反映出设计师是在做设计还是在做生意，区别就体现在他的作品是否平和。大腕不一定不是生意人，像谢英俊这样的设计师即使在做生活。

**ID** 设计师一般被认为是大器晚成的职业，但是国内高速的建设历程使得部分青年设计师可以以相对较为年轻的年龄挑大梁或成名。作为正在成为中流砥柱的一代，您如何看待这种情况？

**刘淼** 我记得 30 岁开始跟国外建筑师合作，赫然发现原来我如此年轻！跟我合作的都是父辈的人。我觉得我那时的状态就像海绵，尽可能地吸收着那些合作者们的经验和方法。所谓时势造英雄，我们这一代人可谓“英雄辈出”，但也别忘了，英雄，往往是悲剧的。到底该如何评价我们这一批人？我觉得也没法评价，还是只能看作品。看人，人的情况参差不齐，我们只须看从这些人手里出来的是什么样的城市。我们这一代在短时间内做了大量的建设，自己也沾沾自喜过，狂傲清高过，也反思过，究竟如何？五十年后再看。

**ID** 您觉得您这一代和前辈设计师以及“80 后”设计师有何差别？

**刘淼** 我曾经跟着那么多前辈学习，跟他们比我觉得我差距挺大的，他们的风采我们没有。他们有积淀，有深厚的文化底蕴，我们可能还是过于年轻，过早地开始带团队、搞经营，缺那种厚重。我们院那些老建筑师，个个都是漂亮老头儿，那是心漂亮。

跟“80 后”设计师相比，就说说我们不如他们的地方吧。我觉得我们当年受教育时不如他们硬件条件好，没有很多的资讯来源，没有多少实地去看国内外好建筑的机会，也没有现在这么多元化的艺术思潮。还有就是我们可能是过早地带团队了，在最基础的基本功上不如他们。我们团队里的中坚力量现在有大概 70% 是“80 后”设计师，我们在外面开会、谈项目、做生意，他们在做设计。所以我总跟这些“80 后”设计师说，你们好好沉下去，别着急当领导，你们将来比我强。

**ID** 您对未来设计生涯有怎样的设想或预期？

**刘淼** 说实话没想过。我是一个没有目标，没有预期，没有人生规划的人。这可能也是我的缺点。我现在能想的问题，还是认认真真做好每一件事。能够有时间的话，多陪陪家人，别再这么忙了。和家人一起多走点儿路，多看看风景，别老一个人走了。少一些刻意，多一些随意。很多事情争不来，该是你的，就是你的。END

# 消失的建筑——北京大学校史馆

# BLANKING ARCHITECTURE

摄　影 | 刘淼

| | |
|---|---|
| 地　点 | 北京大学西门 |
| 面　积 | 3000m² |
| 业　主 | 北京大学 |
| 设计师 | 刘淼 |
| 竣工时间 | 2000年1月 |

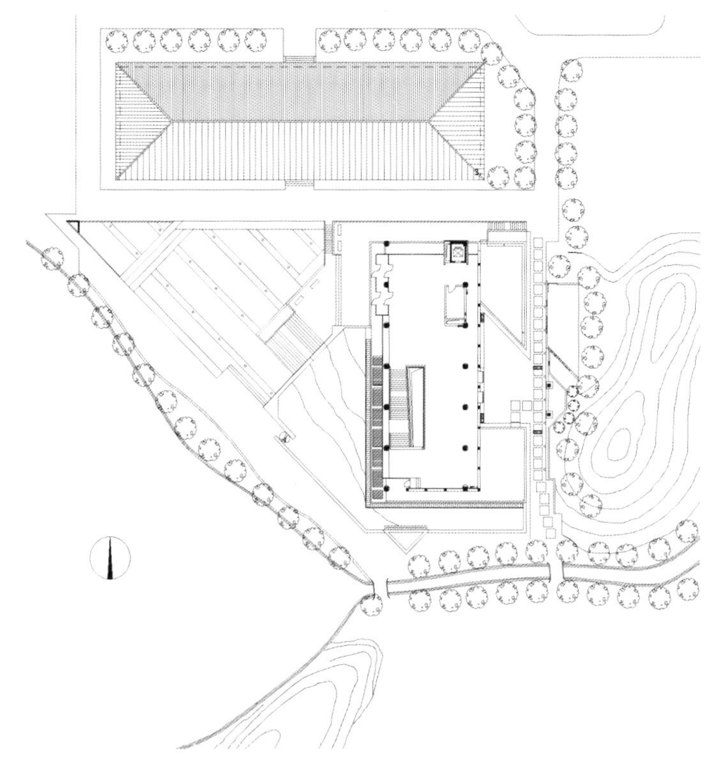

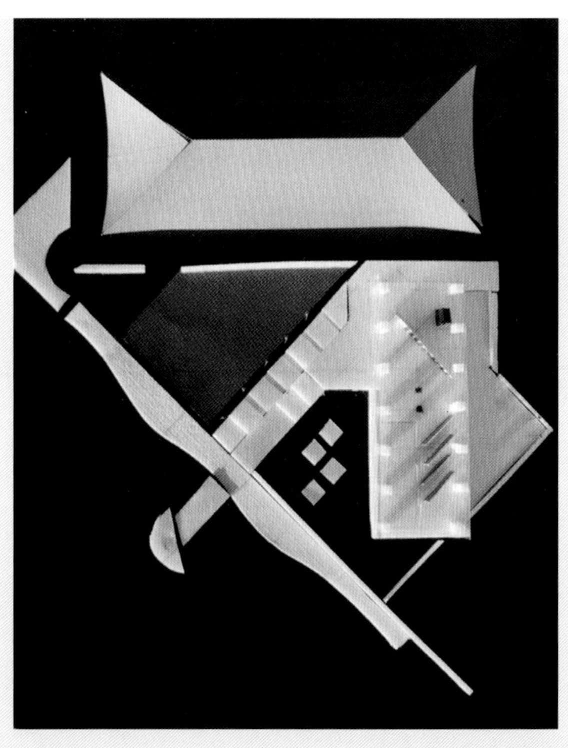

1 落日下的校史馆
2 总平面图
3 模型

该项目坐落在北京大学西侧荷花池畔的三角地上，3000m² 的建筑规模对其北侧的文物建筑足以构成影响。尽可能的减弱这一影响、维护校园西区的集体记忆，是本项目成败的关键。

为了应对这样的挑战，设计者试图尽可能减小地上建筑规模，将 2500 ㎡的展厅和研究室掩蔽在地下，以保证地面层的尺度与周边的文物相协调。同时其形体是文物建筑的重复，以最朴实简练的总图语言，使新建筑消失在校园三合院的肌理之中。

充分研究用地周边的环境元素，设计者将建筑与其建立起合理的逻辑关系，例如塞万提斯像成为入口广场的标志，西南联大纪念碑成为主要园路的对景，"三一八"烈士墓成为下沉庭园的主角，使已有环境元素消失在新建筑之中。

建筑的西立面、北立面由于面对荷花池和文物建筑，采用虚的手法。两个立面因此而消失，人文和自然景观融入室内，成为展品的一部分，同时四季和时间的景观被放映在建筑上，建筑因此而被赋予了中国画般的气质，消失在同样如画的校园之中。

这个小建筑建成后，获得了包括美国 WACMD 优秀建筑设计奖、建设部优秀工程三等奖、北京市优秀设计一等奖、首都规划汇报展十佳建筑奖、首都规划汇报展专家奖、北京建筑设计研究院优秀工程一等奖、北京建筑设计研究院优秀设计一等奖在内的七个奖项。END

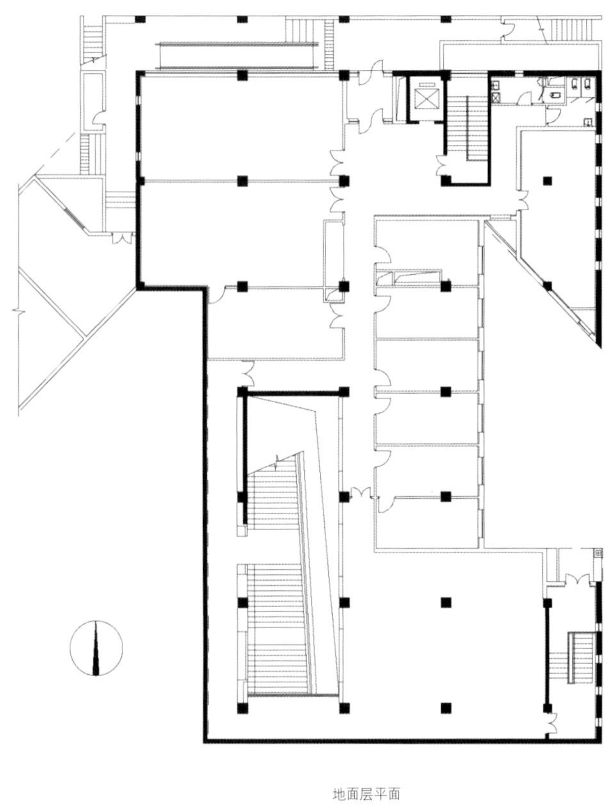

地面层平面

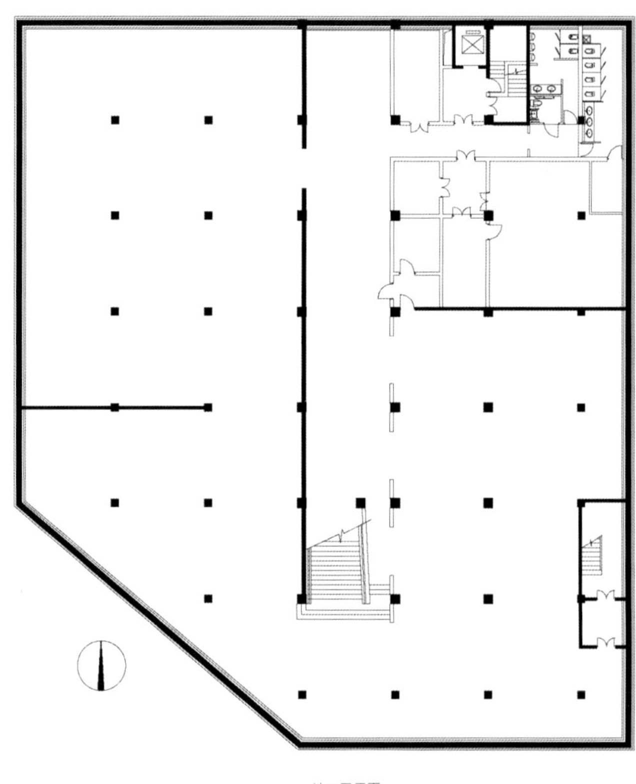

地下层平面

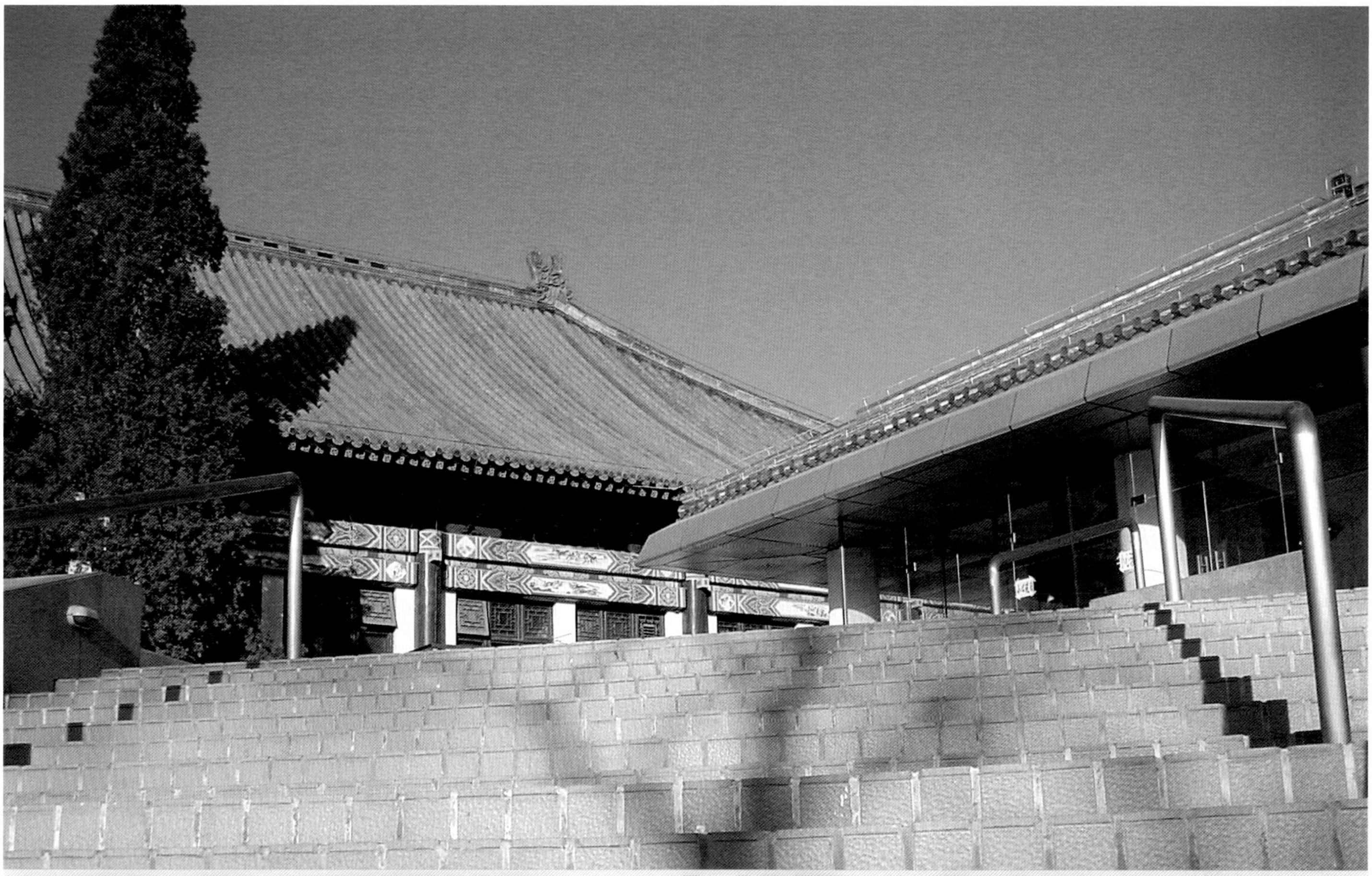

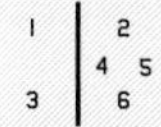


1 各层平面
2 新与老的关系
3-5 周边的环境元素如塞万提斯像，以及四季的自然景观都被融入和体现在建筑中
6 长窗如取景框，将室内外融为一体

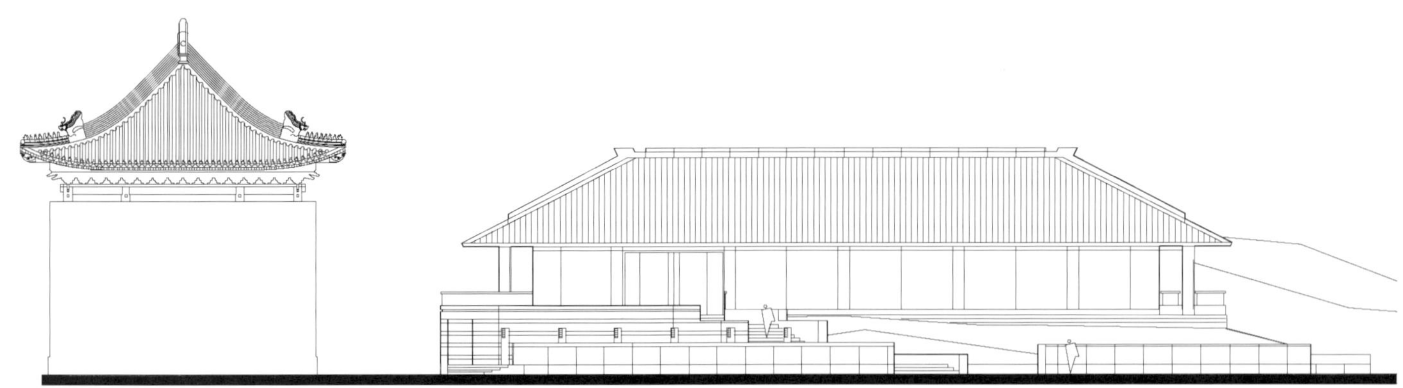

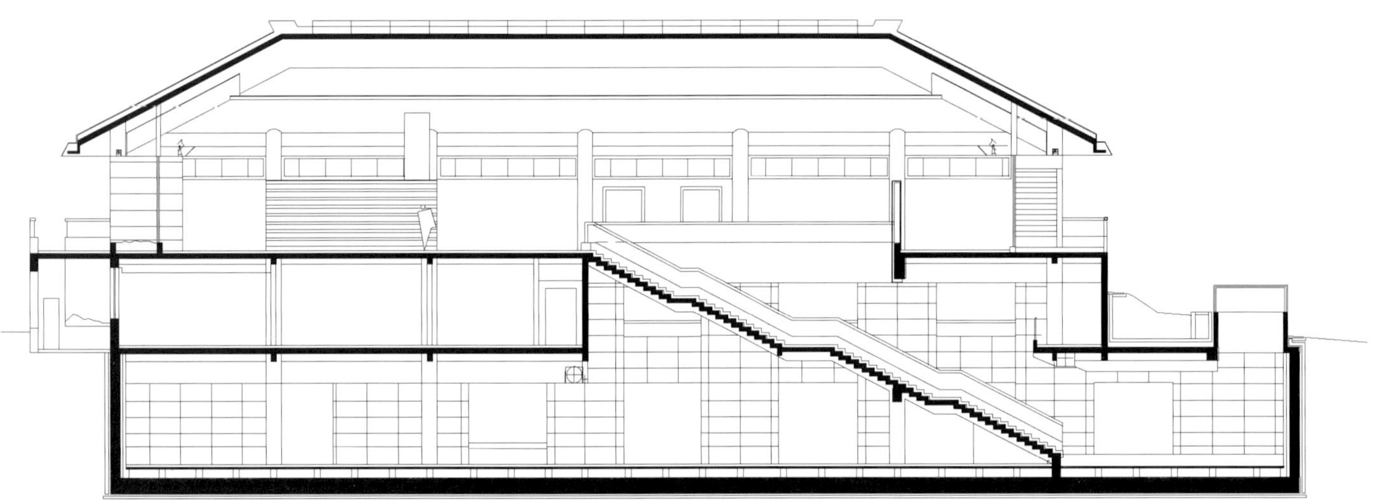

1 立面图

2 剖面图

3 建筑局部

4 玻璃的运用加强了通透性，
室内外你中有我，我中有你

5-6 室内，光的空间

# 城市片断——中国华电大厦

# URBAN FRAGMENTS, CHINA HUADIAN CORPORATION BUILDING

摄　影 | 付兴

地　点 | 北京市西城区
面　积 | 172699m²
设计师 | 刘淼
设计团队 | 陈光、徐伟、赵程、费曦强、翟昊等
竣工时间 | 2008年

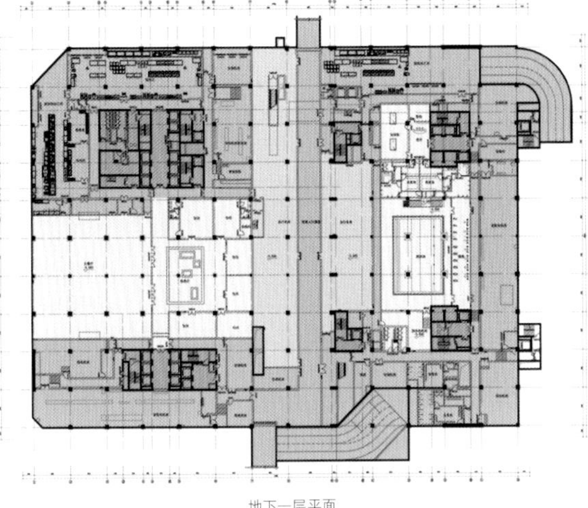

地下一层平面

一层平面

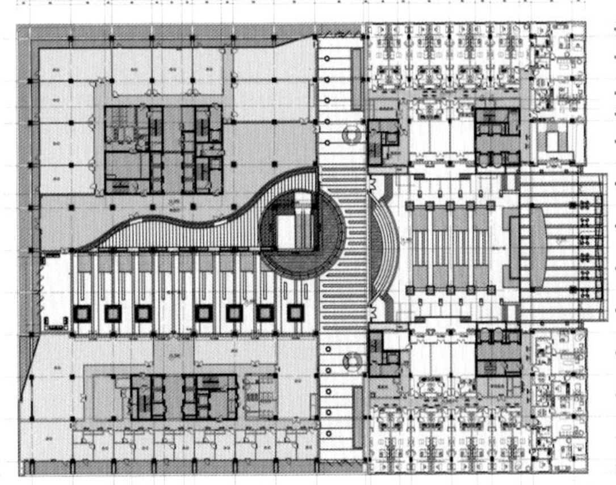

四层平面

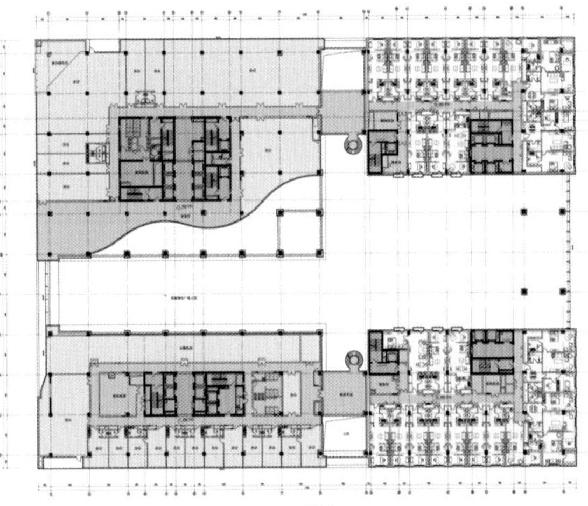

五层平面

1 建筑外观
2-3 入口
4 各层平面

项目地处西单繁华地带，用地周边的建筑物形态多样。建筑设计体现对周边建筑环境的尊重，各个立面根据周围不同的建筑环境灵活变化，但又保证建筑整体效果的完整性。本项目为多功能、多形态共生的综合性建筑，在空间布局上，位于四层的空中绿化中庭广场是本方案的亮点。办公和公寓式酒店共享这个面积3000多平方米，高度约45m的空中绿色空间，它有效的将所有功能关系及空间关系串联在一起，创造出精彩的共享空间。中庭屋面为玻璃采光顶，采用了张弦梁、桁架梁、钢连桥等多种钢结构形式。

由于西单地区用地紧张，为了尽可能地扩大广场绿地面积，建筑设计中严格控制建筑占地面积，建筑在三层处设计出挑，尤其出在建筑物四个角部，设置了超高超大劲性混凝土悬挑梁，外挑长度8.4m。在首层角部位置布置汽车坡道出入口、绿化、广场等，使建筑周边广场环境更加开阔。

设计师着力打造绿色节能，智能高效的现代化总部大楼。例如建筑内区冬季供冷采用免费冷源；中庭高位设置电动开启窗，采用CFD软件对建筑中庭的气流组织进行模拟，过度季采用自然通风消除余热；建筑进排风系统采用全热交换，减少热量损失；建筑采用高度集成的智能化网络系统；采用楼宇自控系统，对全楼用电设备进行智能化监控，从各个方面达到节能目的。

由于本项目符合城市规划要求、设计平面布局合理，同时满足了甲方使用要求，整体效果统一，细节精致、并在设计上有所创新，被评为北京市建筑设计研究院2009年度优秀工程设计一等奖，北京市优秀工程二等奖，部优三等奖，2010年鲁班奖。END

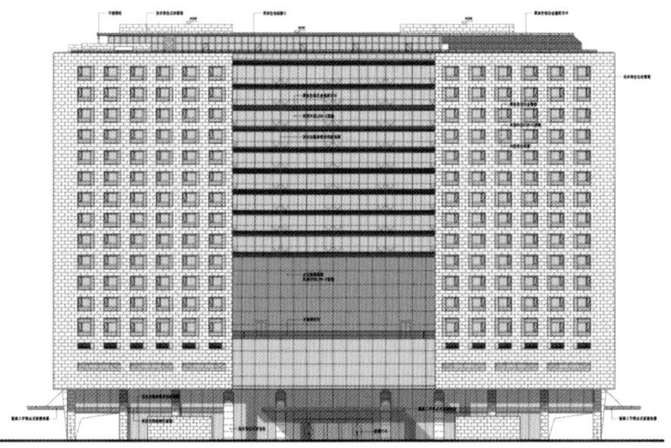

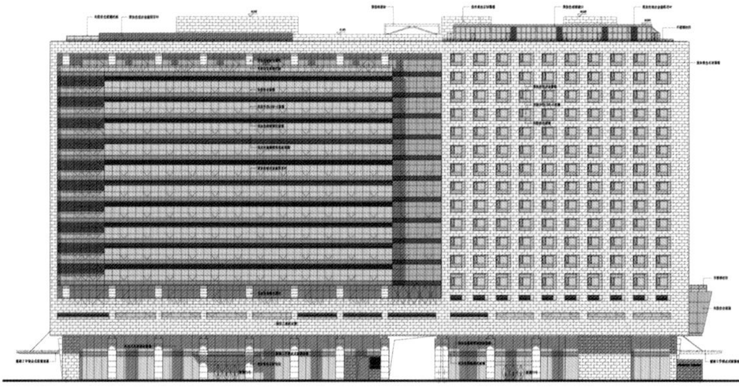

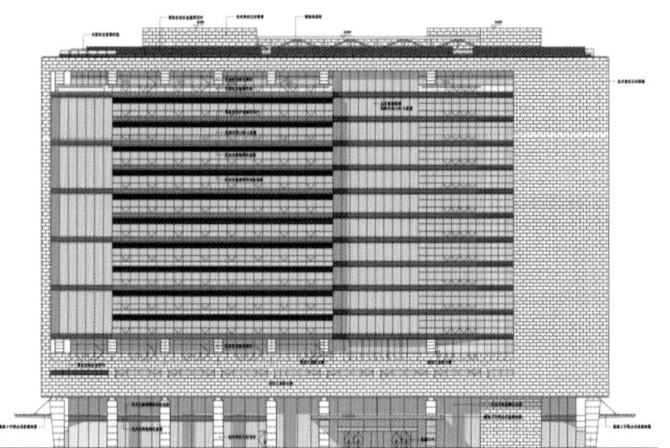

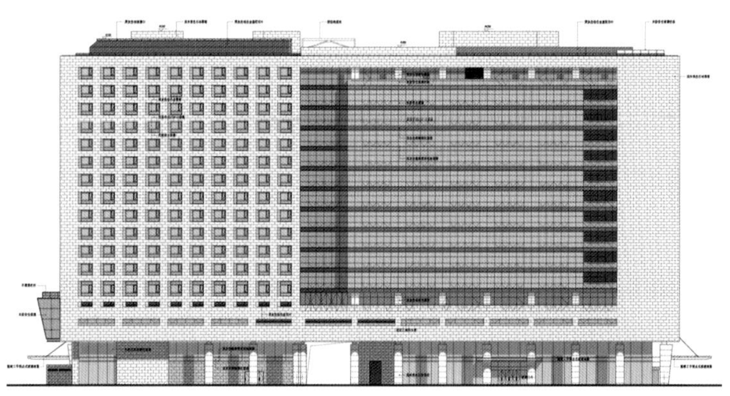

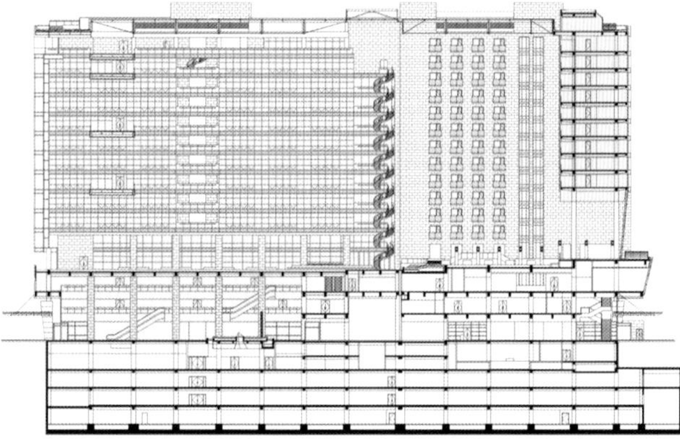

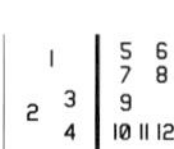


1 共享中庭底层
2-3 共享中庭弧形幕墙
4 大堂
5 东立面
6 南立面
7 西立面
8 北立面
9 剖面图
10-12 中庭空间

# 天下粮仓——太仓图博中心

# GRANARY OF CUTURE

摄　影 | 付兴

地　点 | 江苏省太仓市
业　主 | 太仓市文广局
面　积 | 36265m²
博物馆建筑面积：14351m²
图书馆建筑面积：19581m²
城市走廊建筑面积：2333m²
指　导 | 柴裴义
设　计 | 刘淼、王超、陶晓晨、喻晓
竣工时间 | 2010年12月

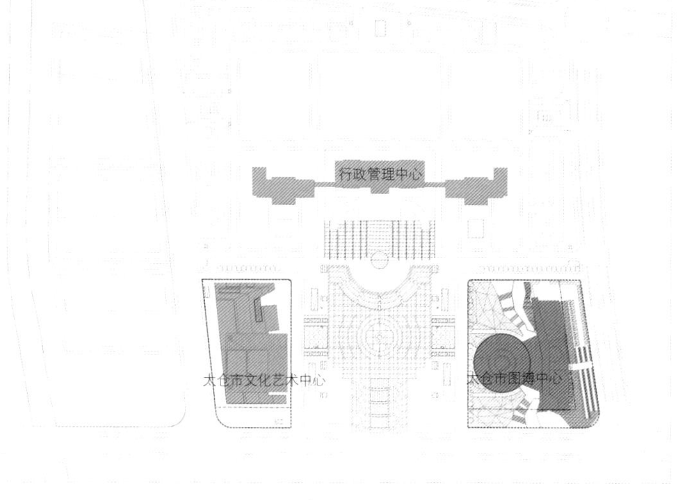

1 网格与弧线的韵律
2-3 建筑外观
4 基地平面

本项目是一个大型公共建筑。总规模 3.6 万㎡，地上五层，地下一层，檐口高度 24m。整个建筑可分为三大版块：博物馆、图书馆和规划展馆。

设计方案通过分解，将博物馆和图书馆彻底分开，"圆仓"成为中央广场的主角，线型图书馆则映衬其后，谦虚但不避藏。此布局形成南北双广场，北广场舒缓了建筑与市政中心东翼的紧张关系；南广场整合了建筑与上海东路的压迫关系，并使中央广场空间得以延展。

建筑分解后，自然形成了缝隙空间，该空间是城市空间的延伸，也是进入建筑之前的序厅。客流顺应缓缓升起的地形，拾级而上，首先步入版块之间二层的空隙空间，再分别进入博物馆和图书馆；规划展馆主入口则依托中心广场，置于仓体西面，与大剧院主入口形成呼应。

图博中心的设计风格可归纳为"单纯、古拙 、神秘、现代"。分解后的圆仓型博物馆构图稳定，与微微倾斜的图书馆在冲突中实现统一。图书馆顺应地形而弯折，对博物馆构成环抱之势。"圆仓"身披金属编织的外衣隐喻盛放农产品的容器，小至篓筐，大至粮仓。图书馆以石材饰面，成为圆仓坚强的背景。其表面强调斜向文饰，不仅与圆仓形成肌理的联系，同时还隐喻了太仓马桥文化出土的几何纹陶器。

凭栏俯瞰，隐喻水乡的河水静静的从缝隙空间中流过。博物馆内部，阳光沿锥形仓壁洒下，编织肌理的仓壁使空间富有梦幻般质感，增强空间的神秘性和纪念性，强化对于"仓"的联想，并与外立面表皮意象形成呼应。

分解后的建筑，不仅表现出准确的功能概念，创造出激动人心的缝隙空间，还有效地缩小了建筑的尺度，烘托出中央广场及北侧的行政中心。END

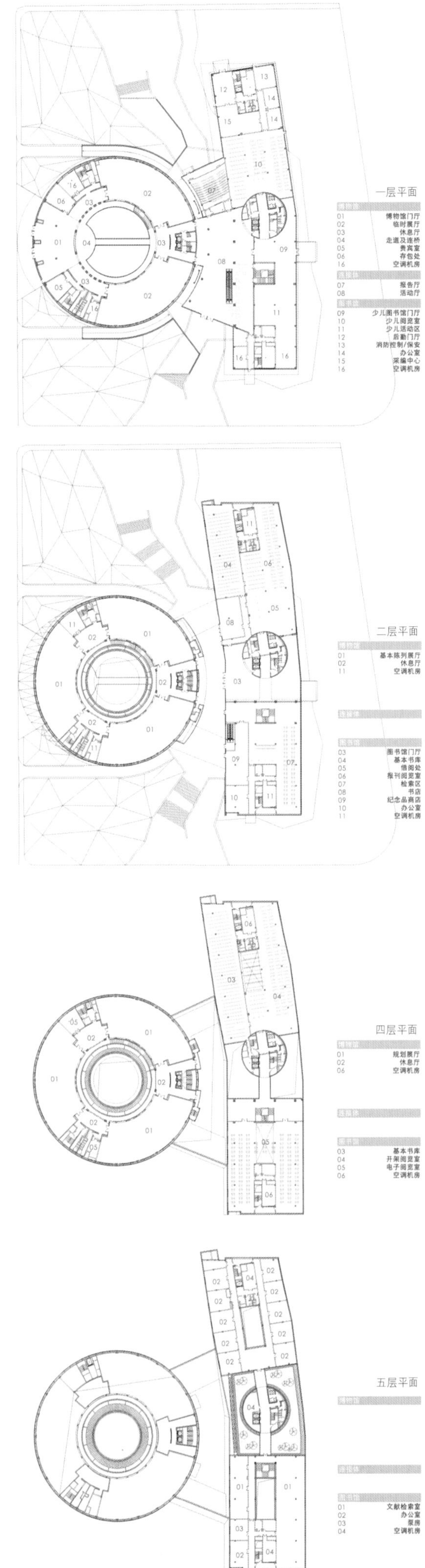
一层平面
博物馆
01 博物馆门厅
02 临时展厅
03 休息厅
04 走道及连桥
05 贵宾室
06 存包处
16 空调机房
连接体
07 报告厅
08 活动厅
图书馆
09 少儿图书馆门厅
10 少儿阅览室
11 少儿活动区
12 后勤门厅
13 消防控制/保安
14 办公室
15 采编中心
16 空调机房
二层平面
博物馆
01 基本陈列展厅
02 休息厅
11 空调机房
连接体
图书馆
03 图书馆门厅
04 基本书库
05 借阅处
06 报刊阅览室
07 检索区
08 书店
09 纪念品商店
10 办公室
11 空调机房
四层平面
博物馆
01 规划展厅
02 休息厅
06 空调机房
连接体
图书馆
03 基本书库
04 开架阅览室
05 电子阅览室
06 空调机房
五层平面
博物馆
连接体
图书馆
01 文献检索室
02 办公室
03 泵房
04 空调机房

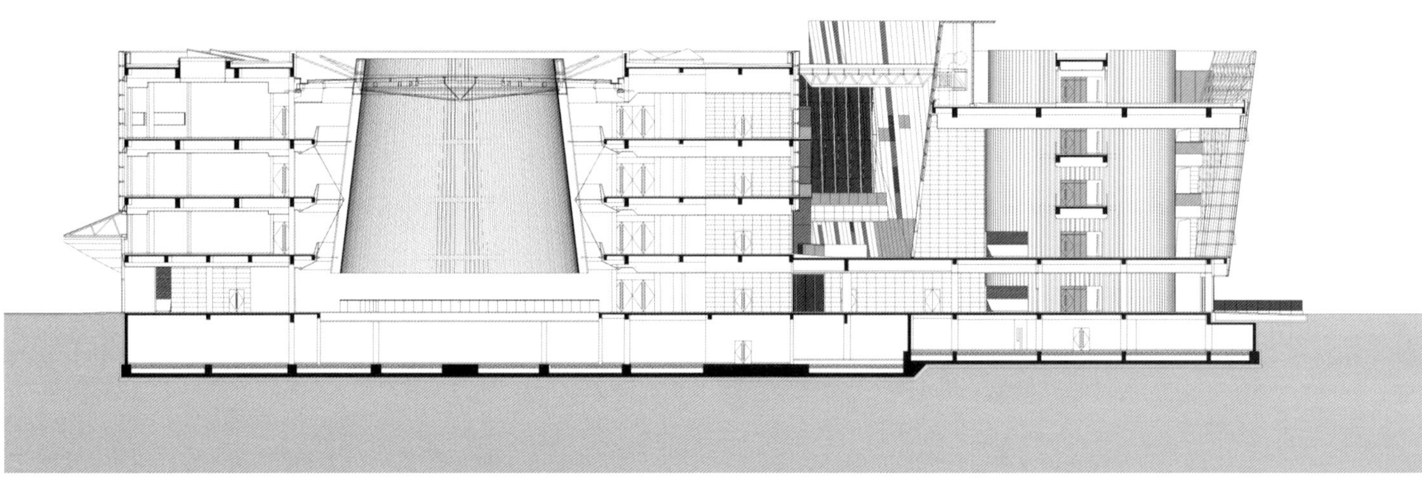

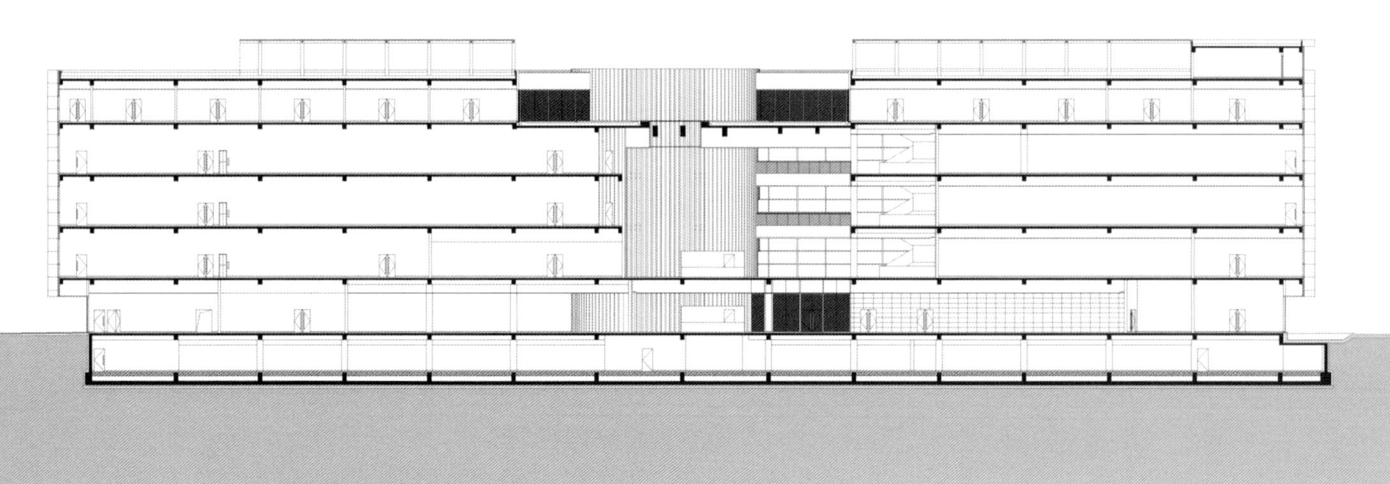

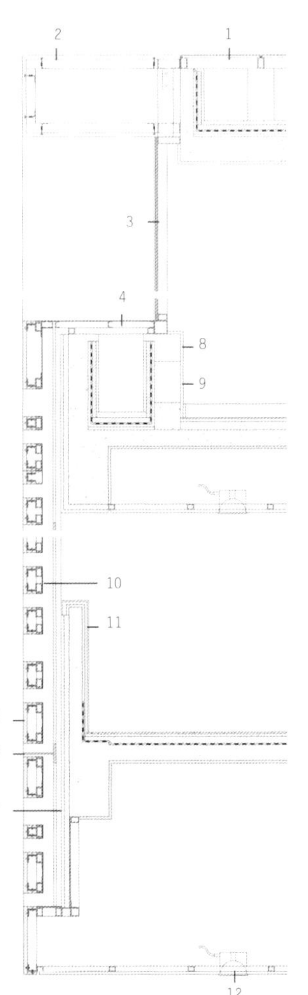


1 铝合金板屋面，板材拼缝处留渗水缝，表面喷涂仿石涂料
40 厚细石混凝土，内配 14# 镀锌钢丝网，
网孔 30，分缝处钢丝网断开，双向中距为：钢丝网宽 +20，
缝宽 10 嵌塑料条
40 厚挤塑聚苯板保温层用聚合物砂浆粘贴
1.2+1.2 厚高分子复合增强防水卷材，专用粘接料粘贴
20 厚 1:5 水泥增稠粉砂浆找平层
找坡层，檐口起始处 1m 范围内抹 0-20 厚 1:4 水泥砂浆找 2%
坡，1m 以外最薄 20 厚加气碎块混凝土找 2% 坡
钢筋混凝土屋面板

2 花岗石幕墙

3 LOW-E 中空钢化玻璃

4 铝合金板封顶
20 厚聚合物砂浆保护层
40 厚挤塑聚苯板保温层用聚合物砂浆粘贴
1.2+1.2 厚高分子复合增强防水卷材，专用粘接料粘贴
20 厚 1:5 水泥增稠粉砂浆找平层
最薄 20 厚加气碎块混凝土找 2% 坡
钢筋混凝土屋面板

5 花岗石石材百叶

6 45°T 型钢龙骨，表面深灰色氟碳喷涂

7 涂料饰面

8 4Φ8
Φ6@200

9 加气混凝土砌块

10 铝合金装饰板，表面仿石漆喷涂，颜色同石材

11 10 厚釉面砖面层
20 厚聚合物砂浆粘结层
20 厚聚合物砂浆，内配 0.8 厚镀锌钢网
20 厚挤塑板保温
钢筋混凝土栏板

12 筒灯

1 | 3 4
2 | 5

1 博物馆“圆仓”
2 剖面图
3-4 空间光影趣味
5 墙身详图

# 傅筱：筑基者

采 访 | 林东

傅筱

| | |
|---|---|
| 1997 | 毕业于南京工业大学建筑系<br>工学学士学位 |
| 2000 | 毕业于东南大学建筑系<br>建筑学硕士学位 |
| 2006 | 毕业于东南大学建筑学院<br>工学博士学位 |
| 2000~2007 | 东南大学建筑设计研究院<br>国家一级注册建筑师<br>2006 年任创作所副所长 |
| 2007~2008 | 南京大学建筑学院讲师 |
| 2008 | 南京大学建筑与城规学院副教授<br>2008 年被评为南京大学优秀青年骨干教师，南大建筑与城规学院集筑建筑工作室（Integrated Architecture Studio，1A）主持建筑师 |

**ID** =《室内设计师》

**ID** 请谈谈您目前的工作状态，作为南京大学建筑与城市规划学院的教师和集筑建筑工作室的主持设计师，两者间您投入精力的比例大致怎样？

**傅筱** 基本上各占一半。在南大我主要是教设计课，偏工程技术一点。本科我带建筑结构构造与施工，还有毕业设计；研究生这边是带基本设计和建构设计。构造课是南大建筑教育体系比较核心的环节。传统的建筑教育一般是先培养想像力，先画，到了高年级再学习技术层面的课程，让学生了解实际的建筑是怎样的。而南大是相反的，本科生一进来先熟悉建筑是怎么搭建的，有些同学不理解这种方式，我就常用一个比方给他们说明：就像一个诗人，你要学会写诗，总先得学会写字，一首满是错别字的诗不可能是好诗。所以南大教设计的老师都有自己的工作室，工作室的实践一方面是让我们参与实际项目，保持作为设计师的状态，另一方面也会用到教学上，这也可以说是一种教学相长。

**ID** 这种教职加个人工作室模式是不少青年设计师乐于采用的工作方式，可否简单介绍下您的工作室？如人员构成、工作模式等。

**傅筱** 我的工作室中有固定的建筑师，另外每年也会有研究生过来参与设计实践。南大的教师工作室其实是比较特别的。有的高校教师工作室是用来解决个人的经济问题的，就有点躲躲藏藏的，而南大的教师工作室都是纳入学院的规划体系的。南大建筑学院的开创团队就是一个富于创作氛围，对建筑有追求的团队，他们的思路就是，认认真真做设计，设计达到一定水准的时候，经济自然会得到改善。所以他们对教师工作室的态度就是，与其听之任之，不如使其良性发展。院方对个人工作室非常支持，但同时对工作室也有评判考核。教师要生存，工作室要运转、发展，肯定要有生产性项目，学院也不会要求每个项目都是作品，但两三年内要有作品出来。南大所有的教师工作室都集中在科研楼的同一层，老师们彼此经常交流，学生们也会互相串门，彼此有了比照，大家都会感到蛮有压力的，但同时也是种激励。

**ID** 您一直非常强调建筑的开放性和交流性，可否谈谈您的建筑理想？

**傅筱** 我认为开放性问题是公共建筑的一个基本需求。以前在国内可能大家没意识到这一点，把建筑的开放性视为一种奢侈，现在这种观念也是在慢慢转变，这两年业主的接受度越来越高了。从中国建筑的发展来看，十几年前我们要解决的是建筑品质问题，怎么把材料用好，把施工做好；而现在我们对建造的认识有了大幅度提高，建筑语言基本上已经建立起来，开放性作为建筑与公众关系的一个话题，仍然属于建筑学的基本问题。所以并不是我特别注重建筑的开放性，我只是觉得这是公共建筑应该具备的一个基本品质而已。

说到建筑理想，我觉得是分阶段性的。比如我现在的建筑理想就是希望扎扎实实盖一些好房子，这是我现阶段的想法。但还有一个终极理想，就是希望当我到五六十岁的时候，可以从内化的角度表达自己是一个中国本土的设计人。前不久去淡江大学交流，吴光庭教授跟我讲，他看过我的设计，觉得挺好的，但是这些建筑怎么能看出中国的感觉？我就告诉他我其实一直在思考这个问题，但是我觉得，中国本土性也不是能急于在建筑上表达出来的。这是一个需要几代人努力的事情，不是一个作品或一个事件能代表的，是需要内化的过程的。这个内化的过程一方面要靠设计师的努力，一方面也要看社会大环境。比如较早的杨廷宝先生、梁思成先生那一代通常本身国学素养比较高，在接受了西方建筑理念回国之后，因为战乱或封闭的社会环境，做得更多的是教育工作和史料整理工作，他们包括再晚一些的齐康先生、钟训正先生等前辈的关注点并不强烈地集中在“是中国还是西方”的问题上。而到了我们这一代，全球化浪潮似乎把我们推到这样一个必须回应如何学习西方、同时又表达中国这个关键性问题的境地，但这不是一部分人在短时间内可以解决的问题。如果把中国也比做一个建筑师，那么中国还是一个年轻建筑师，而年轻人要做的首先是学习，学习不代表要丢掉中国。但要马上在某一个作品里就体现中国，这是非常难的，毕竟我们既浸润于传统中国，也生活在当下中国。用传统材料体现的是已经定型的古代中国，而当代设计师应该追求当代的中国，我觉得很难做到。我们现在大量的建造是采用全球化技术的，比如钢筋混凝土结构。淡江大学的王俊雄教授来南大演讲时曾谈到，其实所谓东方和西方的对立在某种程度也只是制造出来的概念，特别是在现代性问题上，当代环境下无论中国还是西方社会都存在现代性问题。他的观点让我很受启发。我觉得我们真的不能急，而是要沉下来思考。首先修为要够，潜移默化，可能就会融入作品中，有所体现，这个沉淀的过程无论是对每个建筑师还是对整个中国建筑界而言，都是绕不过去的。吴教授觉得这种内化的说法蛮有道理，因为那些外化的、从外面做中国的方法现在看起来都不太成功。中国在全球化浪潮中还处于一个追赶的状态，还在学习西方，我觉得那就先把西方学清楚，同时在自身的修为过程中感悟中国。

**ID** 您觉得在当代中国语境下，如何评判建筑的好坏？设计师应担任何种社会角色？

**傅筱** 我认为首先建筑不要承担太多文化包

袱。中国要立足于世界，不是单靠建筑能解决的。当前中国建筑更应关注的是如何让建筑具备基本的品质，要让空间宜人，住宅宜居，城市有秩序且有丰富性，把这些基本问题先解决好，再去追求更高层次的精神性问题。所以我觉得好的建筑不需要多么有标志性，而是要把建筑的基本问题解决好。我比较反对一到国外展示就把老祖宗的东西改造一下拿出去，这是过去的中国，可能效果不错，但没有意义，我们应该创造的是当下的中国。从这种观点出发，我觉得作为设计师要认清目前的状况，扎扎实实把基础打好，展示中国的事情就留给后几代人去做。现在国内很容易出现一种不合理的现象，就是希望推出某些设计师代表或者某些代表作，到世界上表达这就是中国，这是非常急功近利的，不但会影响年轻设计师和学生的判断，也会阻碍这些被推出来的设计师的独立思考，也就是说基于当下现实状况的客观的思考。

**ID** 您如何定义设计师的“成功”？

**傅筱** 成功我觉得可以分两个层次，一个是社会的层次，一个是自我的层次。社会层次的成功一般是比较市场化的，也就是所谓成功人士，有车有房，有美满的家庭等等；而对于创作者来讲，自我层次的成功应该是设计追求上的，每个阶段自己对设计的理解和操控都会有很大提高，甚至是质的飞跃，我认为这才是真正意义上的成功。对于设计师而言，太过关注社会意义上的成功，比如为了获奖或参加展览而不是解决具体建筑问题，做设计会变得非常累。而自我的不断提升所带来的成就感，才会让人保持创作的热情。

**ID** 近年来您在长兴县有不少建成作品，相对于您的设计，这些作品的实现情况如何?

**傅筱** 我在长兴县的很多项目都是 2007 年设计的，这几年陆续实现了。实现情况有好有坏，一般来说政府项目无论概念还是建造，完成度都较高，而开发商项目则较难控制，市场确实还不够成熟，这也是没有办法的事情。作为业主，长兴县政府是比较成熟的，接受度也很高，所以他们一直力图引导开发商，比如去年他们特别推行了设计大检查，将例会通过的设计跟实际建造情况一一比对，有擅自修改造型或偷面积的一律严厉查处。

**ID** 长兴广播电视台项目是您开放性建筑的一个代表作，长兴广播电视局局长曾感言：“我现在明白建筑不是为政府建造，即使是政府建筑也要为老百姓建造。”能够让业主接受这样的理念可能不是一个一帆风顺或一蹴而就的过程，您是如何做到的?

**傅筱** 做广播电视台项目的时候我在长兴县已经做项目好几年，我的开放性建筑的观念和设计结果也逐渐被政府和老百姓接受，所以这也是个循序渐进的过程。一方面，我觉得设计师要让业主接受自己的理念，一定要有充分的面对面的沟通，要用真诚打动业主；另一方面，业主具有一定的素质和理解设计的能力也是很关键的。广播电视台项目做下来，他们的台长说要给我颁个奖，我以为是开玩笑，没想到开全台大会的时候他们邀请我去，真的颁了个奖给我。我当时很感动，我说这个奖比我获得的所有奖项都重要。能够得到业主这么高的认可度，多么辛苦都值得了。

**ID** 绿色建筑设计越来越为国内外设计界所重视，您的南京紫东国际招商中心办公楼去年获得了法国罗阿大区 -TA 生态建筑入围奖，而对于绿色建筑历来有真伪之争，您认为怎样的设计才算是真正的绿色建筑?

**傅筱** 真正的绿色建筑目前在国内还是蛮难实现的，绿色建筑是一个全生命周期的考量，我们做的只是节能建筑。我觉得绿色建筑本身其实没什么真伪，可能要注意的一点就是有的设计师主张采用新技术，还有一批设计师他们不主张采用主动节能技术，而是使用被动节能技术，比如传统技术。我不太认可这种方式。人类社会在发展，回避新技术是不现实的。世界上对于绿色建筑的定义已经是很成熟的了——不在于采用了何种技术，而是看全生命周期中付出的成本跟所节约能耗的价值之间的比率，直到其失效仍未能赚回成本，则该产品或技术就不是绿色的；两者持平就是所谓零能耗；节约能源价值超出成本，那自然就是环保节能的。人类走到现在已经没有回头路，我们只能在这条不归路上尽可能寻求节约能源的途径。国内现在最大的问题是没有一个检测标准或机构对绿色建筑进行全生命周期的追踪和监测，很多建筑徒具绿色概念，但如果实际检测就不知结果如何了，中国需要建立一个绿色评价标准和体系。

我们在做的其实一直是一种生态设计方法的推导和研究。紫东国际招商中心办公楼设计方案之所以得到法国罗阿大区 -TA 生态建筑奖评委的认可，主要是我们推导了一种设计方法，不是方案做完了再做节能措施，做出一个节能指标算得过去的房子，而是把形态和节能措施结合起来，通过计算机分析，从节能角度出发推导何处起翘、何处挖院子、如何架空、门窗怎么开，再加上通常的节能技术，其节能效果更强。这也不是新的概念，只是很少有设计师去尝试。

**ID** 您一直致力于 BIM 的推广，现在大致的进展如何?

**傅筱** 进展甚微。BIM 这个概念实际上是一个全方位的概念，不是只限于建筑专业。前几年我所做的工作就是将 BIM 软件本地化，大家可以用它从方案做到施工图，但是真正的 BIM 是一个信息模型的概念，首先在设计部门内部建立多工种合作，然后业主、施工方、政府都要用，于是这又变成了一个社会问题。仅仅是内部多工种合作已经非常难解决，国内只有少数大院在尝试，大部分还是只用它做施工图。美国前几年就已经把 BIM 作为一种国家战略要求，国内也是很重视本土 BIM 软件的研发，但 BIM 在国内推广得确实不太好。我估计一方面是因为知识更新难度太大，另外，很多人不太能够接受 BIM，因为这个软件毕竟源自西方的社会环境，它的习惯就是设计非常忠实于建筑本身的状态，而中国的设计有时候是要“糊弄”的，只是做个样子给业主看看，这时 BIM 就显得不太实用了。再有，国内有的设计师过于关注造型本身，而不去关注建筑内部与外部空间的关系，对他们来说设计软件只需要做一层“皮”就好，BIM 如果只用来做“皮”太大材小用了。

**ID** 设计师一般被认为是大器晚成的职业，但是国内高速的建设进程使得不少青年设计师可以以相对较为年轻的年龄挑大梁或成名。作为这些“年少成名”的设计师中的一员，您如何看待这种情况?

**傅筱** 其实这里我想用三个词表达我的观点：成名，成功和成熟。成名是一个社会认可度的问题，这不是一个设计师能左右的；成功我们前面也讲过，我认为是自我提升的问题；成熟在我看来才是更重要的，这是一个职业价值实现的问题。我个人认为，建筑师的成熟应该在 50 岁左右。虽然这些年像我这样 35 到 40 岁的青年设计师崭露头角，但我觉得这只是青年设计师的追求开始为业界所认可，而不是真正意义上的所谓成名和成功。大规模的建造让我们这一代设计师在技术上快速成功，但并不代表这些设计师已经成熟了。设计师成熟与否并不是以工程经验为评价标准的，更重要还是思想和阅历，这就必须依靠时间和积累，所以 50 岁仍然是一个界线。社会上可能认为我们这一批“70 后”乃至“80 后”的设计师“年少成名”，但我们自己并不这样认为。我跟各地的很多设计师交流过，他们都没有这个概念，都还觉得自己差得很远呢。只不过现在确实时机比较好，能够得到社会的关注，有更多机会把自己的想法付诸实践。大家都意识到最根本的还是自身的思想和阅历。建筑不是一个抽象的理论，它跟设计师的人生经历总是相关的。到 50 岁时对人生和社会的理解不会和 30 岁一样，作品也会不一样。至于年少成名的利弊，我觉得还是看个人心态。如果沉迷于成名，那肯定是不利的，创作的急功近利会限制思维的自由度；但如果把所谓的成名作为一种压力并转化为动力，对于有追求有理想的设计师来说反倒是种鼓励。END

# 长兴广播电视台

# CHANGXING TELEVISION AND BROADCASTING STATION

摄　　影 | 姚力
资料提供 | 集筑建筑工作室

| 地　　点 | 浙江省长兴县龙山文化新区 |
| --- | --- |
| 面　　积 | 24450m² |
| 设　　计 | 傅筱（南京大学建筑与城规学院/集筑建筑工作室） |
| 业　　主 | 长兴广播电视局 |
| 合作设计 | 东南大学建筑设计研究院设计事务所 |
| 设计建造时间 | 2007～2009年 |

长兴广播电视台是一个关注城市空间开放性的实践。基地周边均为开放的市民公园。政府将这块地用作建设基地后，将阻断市民原来的自由活动路线。我们在项目规划之初，建议当地政府要把广播电视台设计成为“还给城市的市民空间”，将建筑用地再还给城市，还给市民，这个理念得到各方的充分肯定。由此，我们形成了现在的设计概念：将空间还给城市市民，建筑应成为一个可以让人自由前往的场所，并恢复原来的自由活动路线。

我们采用了三个主要设计策略：

1. 将公共部分的屋顶设计成自由漫步道，从基地北端引导人们缓缓而上，步道串连了周边的公园，并恢复了市民的活动路线；而屋顶设计成种植屋面，在这里人们可以俯瞰周边的风景。

2. 建筑北面结合建筑屋顶设计了室外观演广场，将建筑与梅山公园紧密联系起来。

3. 建筑对外大厅设计成多功能用途，人们可以自由前往，这里可以喝咖啡、上网、观看展览、观演等活动。

考虑到建筑与自然的关系，我们采用了体量悬挑的手法与自然取得对话，并将四层高的主体设计成透明的玻璃体，建筑将以虚化的体量和虚空间融入自然之中。玻璃体采用了双层通风玻璃幕墙，一方面可以节约能耗，另一方面可以防止大量的内部精密设备受到灰尘的影响。

在白天，这里经常有儿童前来嬉戏玩耍的笑声和新人拍摄婚纱摄影的身影；在夜晚的月光下，精心设计的LED灯勾勒出建筑优美的轮廓，这里已经成为当地市民纳凉、散步的好去处。END

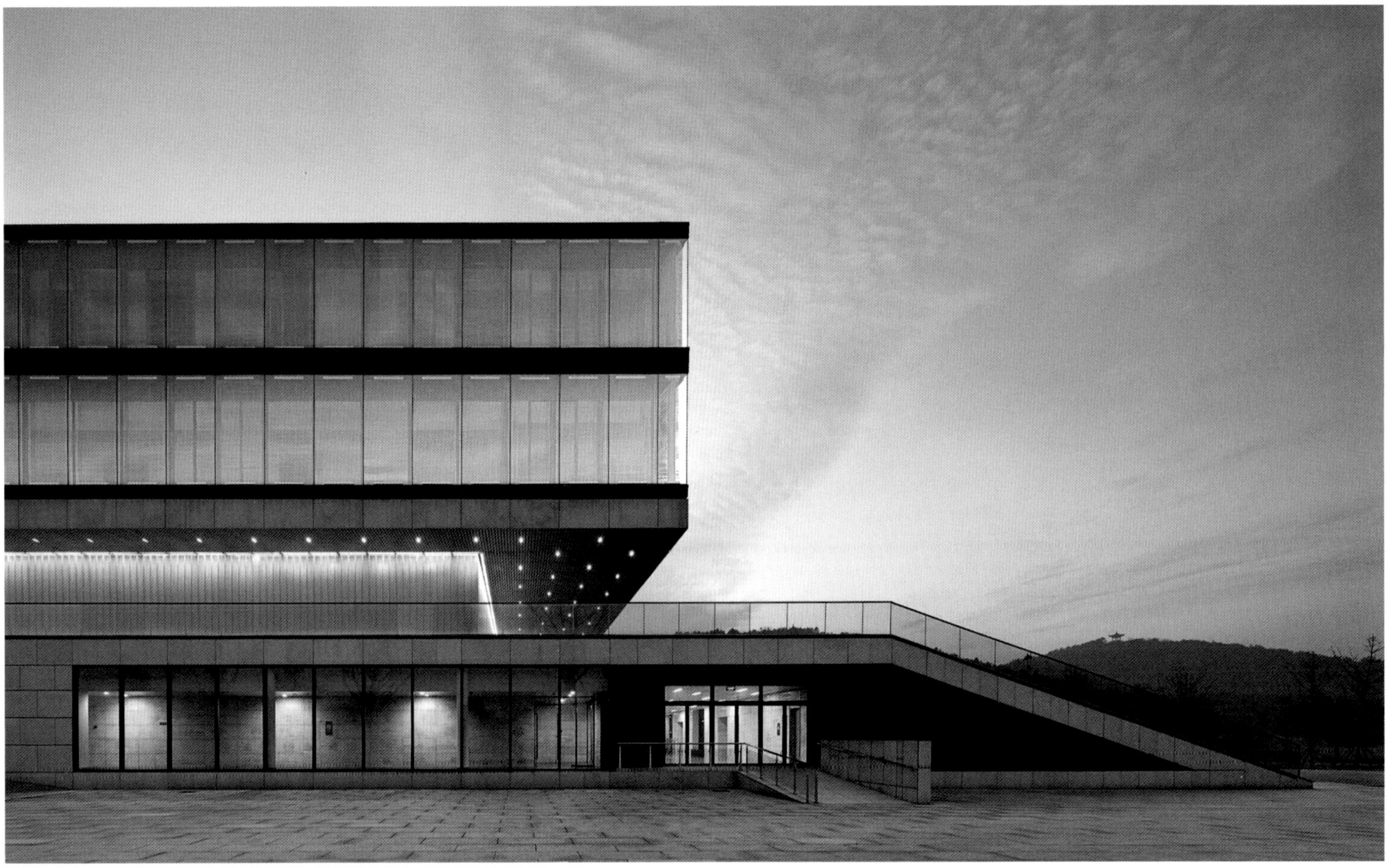

1 室外观演广场夜景
2 建筑局部
3 鸟瞰图
4 总平面图

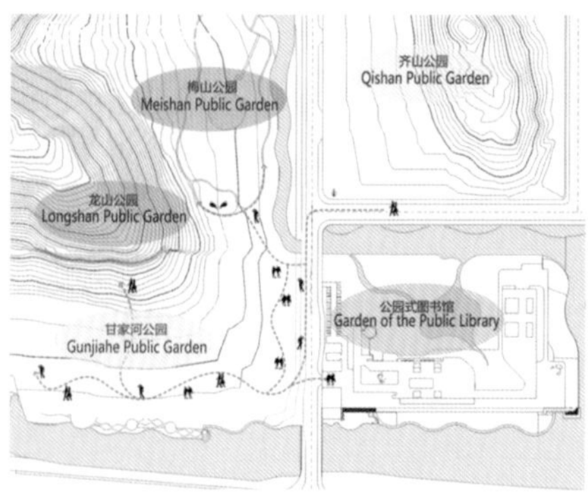

场地原来市民的活动路径

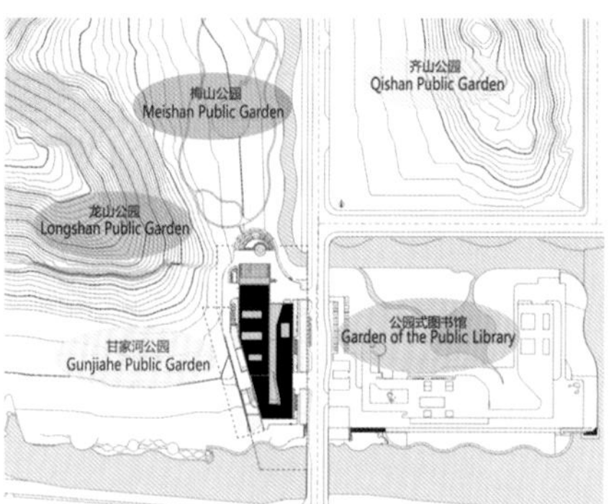


植入建筑阻碍了市民的路径

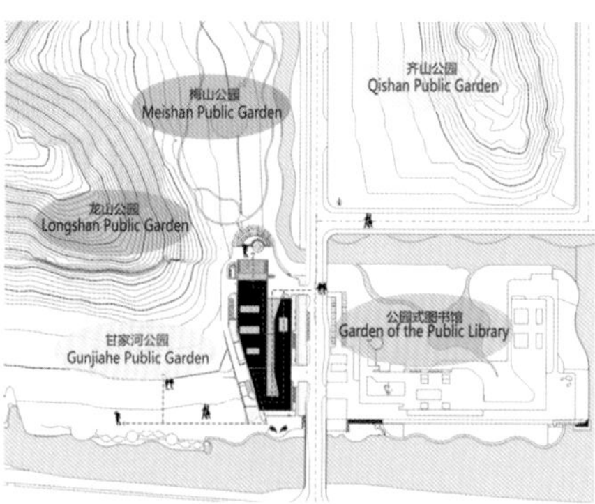


建筑恢复了市民的路径，创造了开放空间

1 概念分析图
2-3 北入口广场与自由漫步道
4 各层平面
5 四通八达的空间
6 室外观演广场剖面

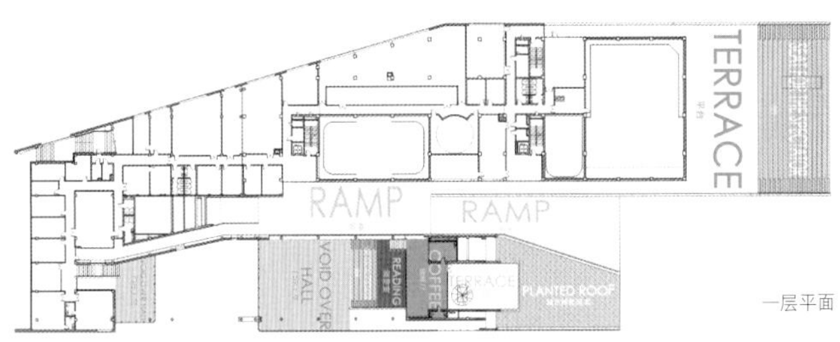


一层平面

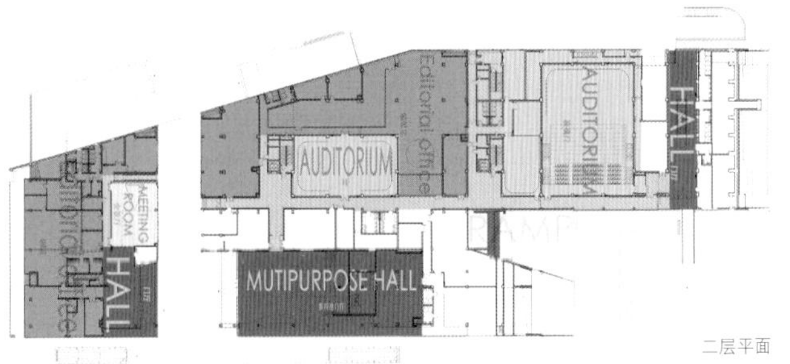


二层平面

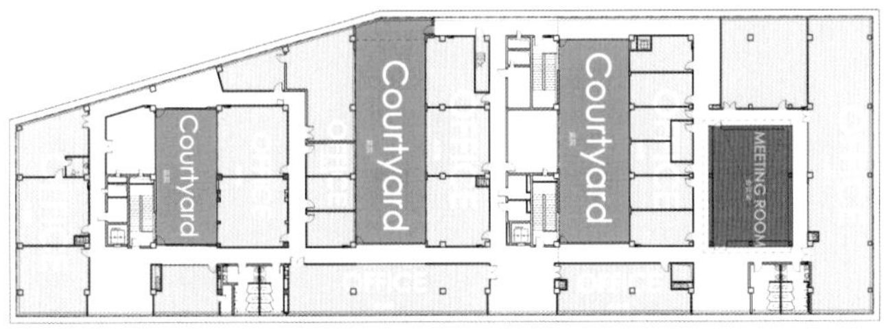


四层平面

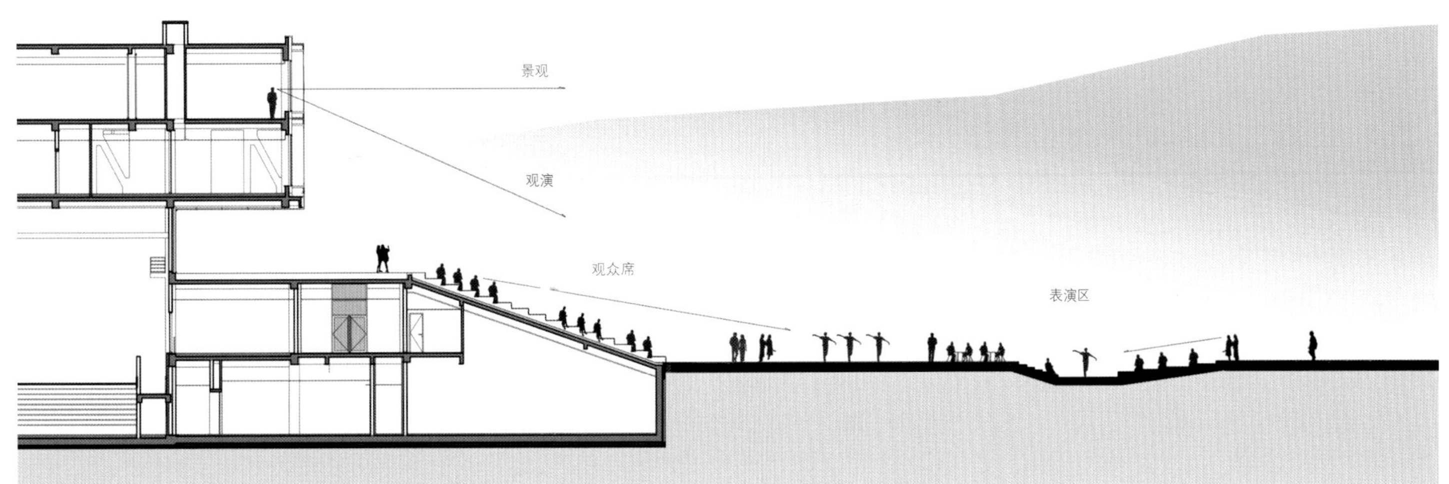

| 1 | 5 |
| --- | --- |
| 2 3 4 | 6 |

1　西立面局部
2–4　建筑中的通行路径
5　坡道成为人们喜爱的活动场所
6　自由漫步道剖透视

1 2 3 4 | 5 6 7 8

1 多用途门厅外景
2 多用途门厅剖透视
3-4 多用途门厅室内
5 建筑通向甘家河公园的空间
6 建筑与自然
7-8 光与影

# 南京紫东国际招商中心办公楼

# NANJING ZIDONG INTERNATIONAL INVESTMENT SERVICE CENTER OFFICE BUILDING

摄影：姚力、侯博文
资料提供：集筑建筑工作室

地点：南京紫金山东麓紫东国际创意产业园
面积：2512m²
设计：傅筱（南京大学建筑与城规学院/集筑建筑工作室）
业主：南京市栖霞区政府
设计时间：2010年3月
竣工时间：2011年6月

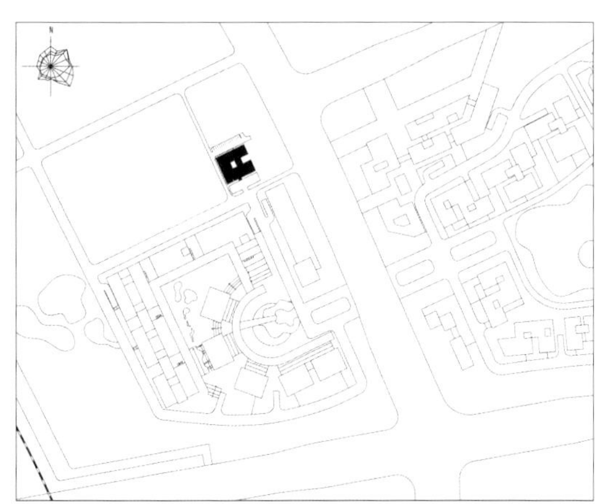

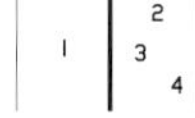


1 东面庭院
2 西南透视
3 总平面
4 概念分析

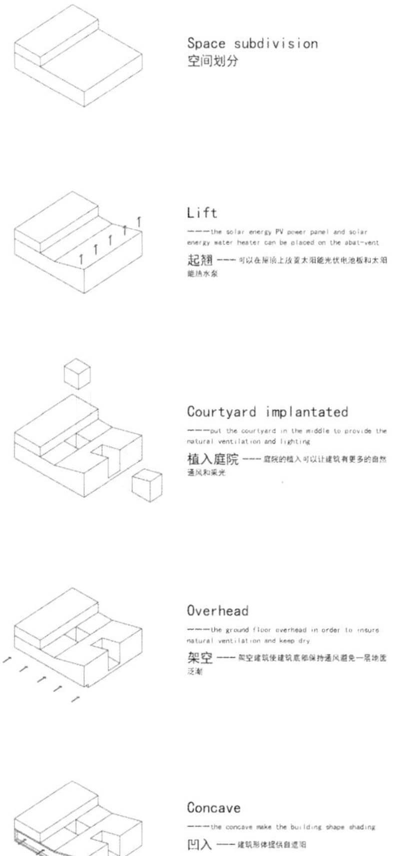

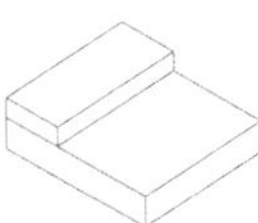

Space subdivision
空间划分

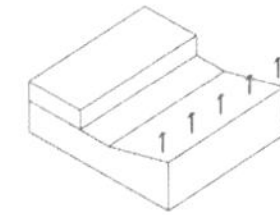

Lift
——the solar energy PV power panel and solar energy water heater can be placed on the abat-vent
起翘 —— 可以在屋顶上放置太阳能光伏电池板和太阳能热水泵

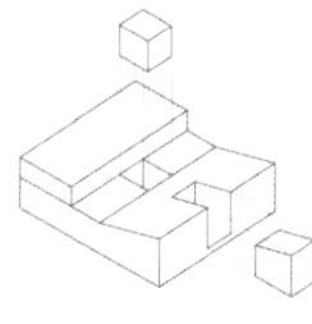

Courtyard implantated
——put the courtyard in the middle to provide the natural ventilation and lighting
植入庭院 —— 庭院的植入可以让建筑有更多的自然通风和采光

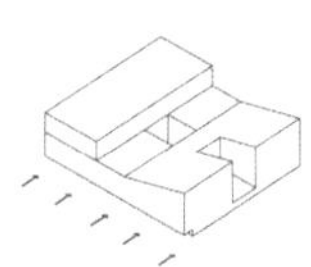

Overhead
——the ground floor overhead in order to insure natural ventilation and keep dry
架空 —— 架空建筑使建筑底部保持通风避免一层地面泛潮

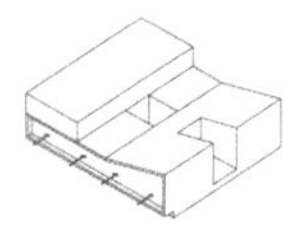

Concave
——the concave make the building shape shading
凹入 —— 建筑形体提供自遮阳

该项目位于南京紫金山东麓的紫东国际创意产业园内，东临凯旋路，周边为茂密的树木。南京紫东国际招商中心办公楼是一个从生态概念入手设计的建筑。作品主要关注了两点，一是如何将传统的生态技术与现代生态技术相结合，强调建筑中生态技术的综合利用；二是将建筑艺术与生态技术相结合，打破“先艺术后生态技术”的创作模式。在这里，我们通过作品探索的是：建筑的形体生成与生态技术措施的运用是紧密关联的，生态技术可以作为一种设计的方法和原创动力，从而产生令人愉悦的建筑艺术。鉴于设计上的探索性，该项目获得了法国罗阿大区政府和《时代建筑》联合颁发的生态建筑入围奖，并在上海世博会法国罗阿馆展出。

项目功能包含门厅、沙盘展示厅、休息厅、多媒体演示厅、十二间办公室、一个大空间办公、两个中型会议室以及一个小型餐厅和厨房。建筑层数为两层，其中一层可由业主改造为夹层空间。

在节能降耗方面，主要采取了如下几方面的具体措施：

1. 采用太阳能光伏电池系统，为部分空间和室外景观提供照明。

2. 采用太阳能热水器为卫生间和淋浴间、厨房提供热水。

3. 采用中心内院布局，为建筑提供自然通风。

4. 建筑底层架空，并与中心内院结合起来，形成通风循环，防止地面泛潮。

5. 采用 GRC 集成外墙保温系统，工厂预制，现场安装。采用模数化设计，尽量减少材料损耗。

6. 采用地源热泵空调系统，减低空调运行成本。

7. 采用双层中空 Low-E 玻璃断桥窗，并采用电动升降遮阳卷帘。END

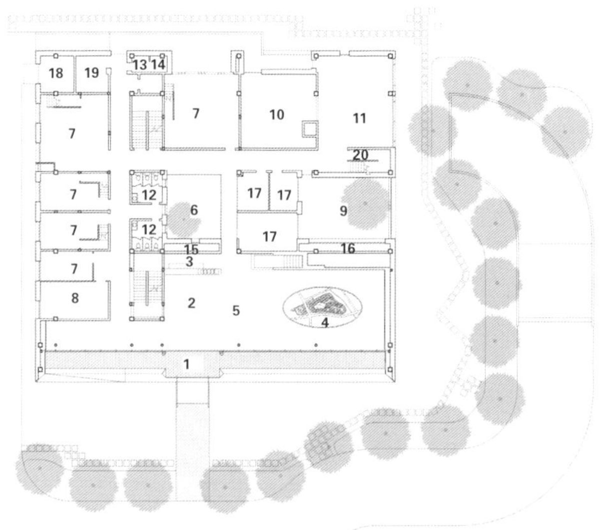


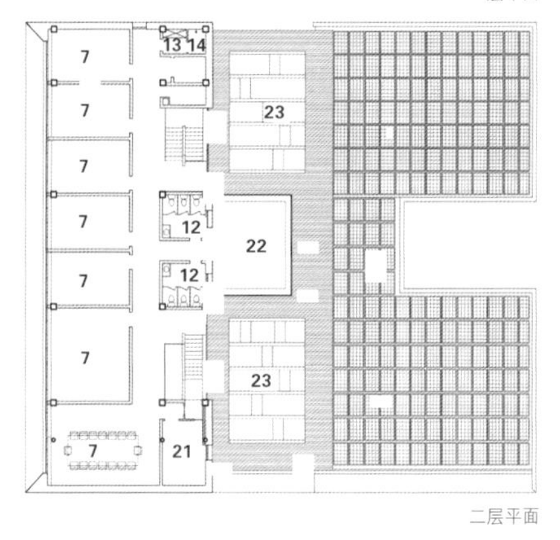


1 门框
2 门厅
3 总台
4 沙盘
5 接待
6 天井
7 办公室
8 会议室
9 庭院
10 厨房
11 餐厅
12 卫生间
13 更衣室
14 淋浴室
15 通风井
16 空调井
17 洽谈室
18 强电弱电
19 消防控制室
20 储藏间
21 休息间
22 上空
23 种植屋面

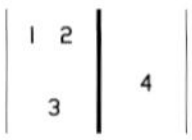

1 入口外墙
2 各层平面
3 主入口
4 建筑局部

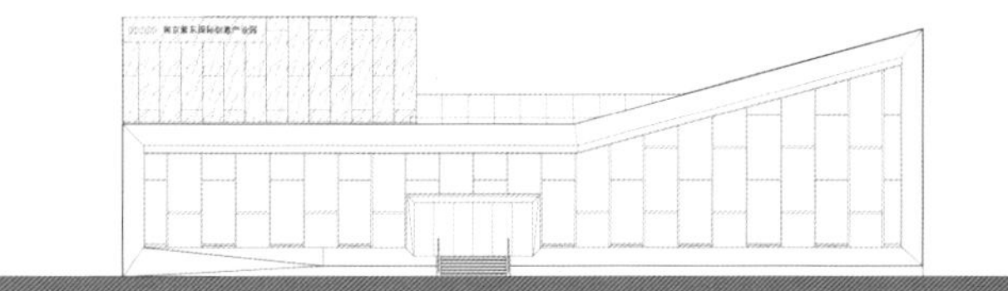

东南立面

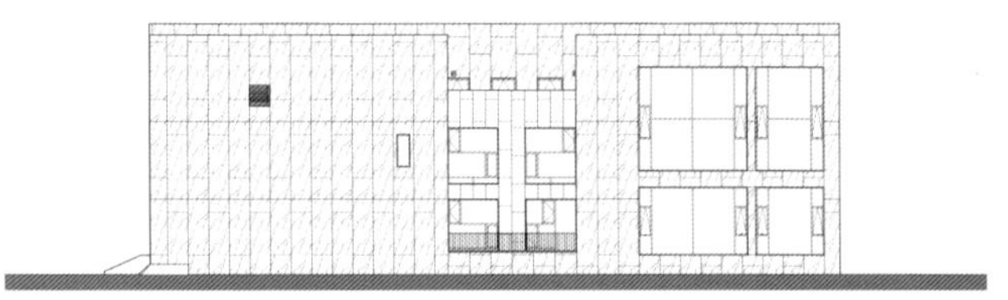

东北立面

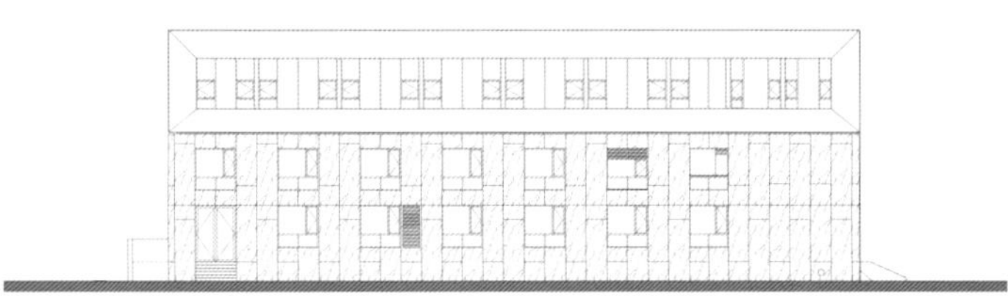

西南立面

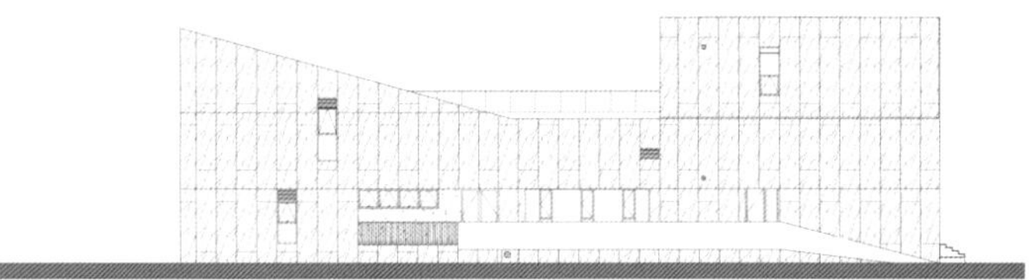

西北立面

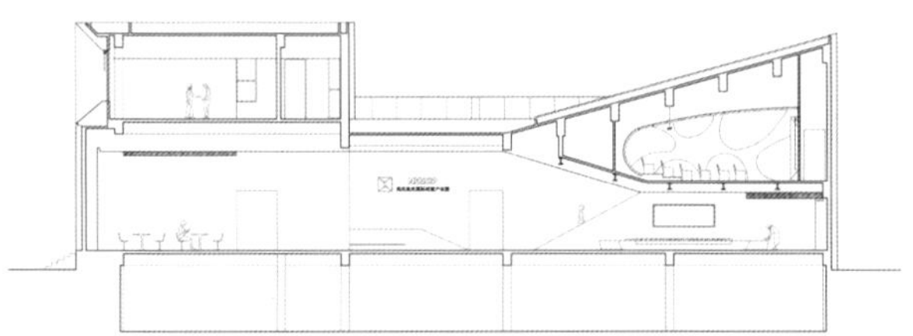

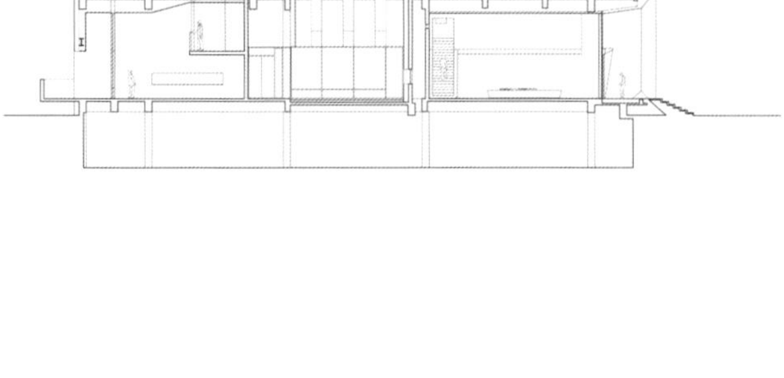

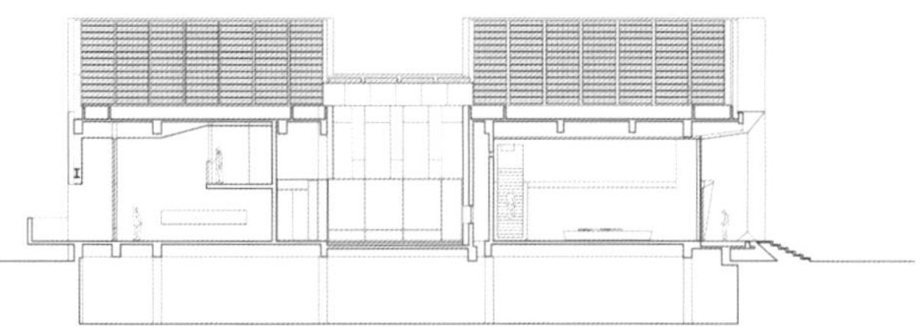

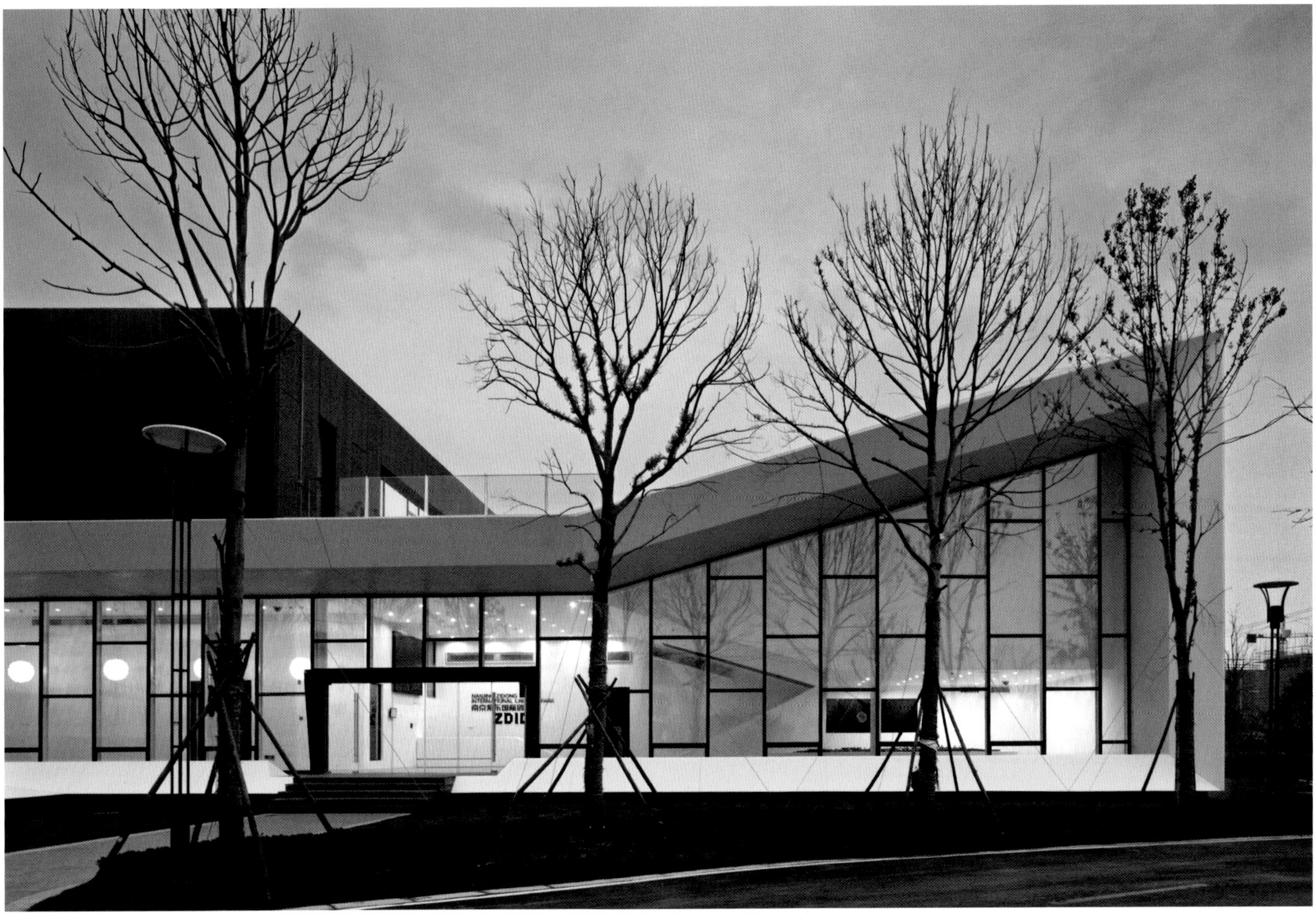

1 主入口局部
2 遮阳百叶
3 立面图
4 剖面图
5-6 主入口局部
7 形体遮阳分析

Analysis of shape sun-shade 形体遮阳分析

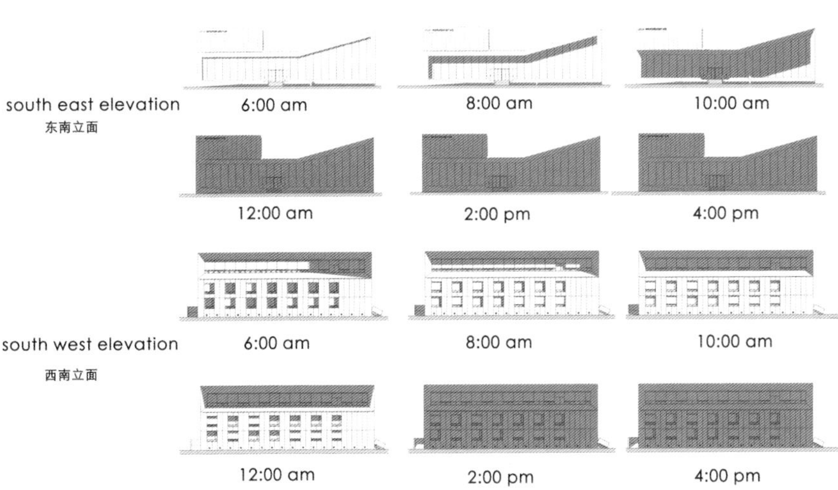

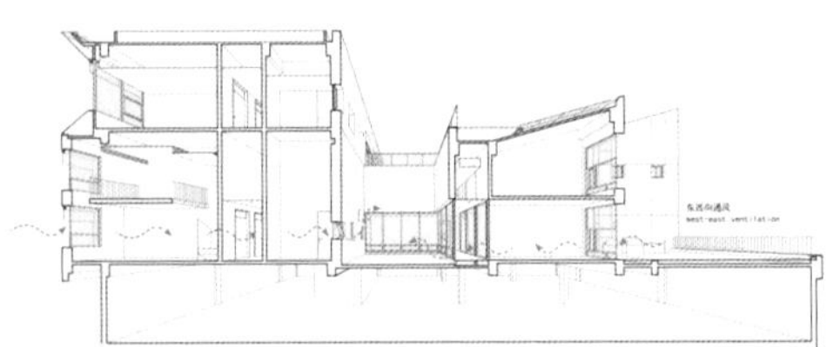

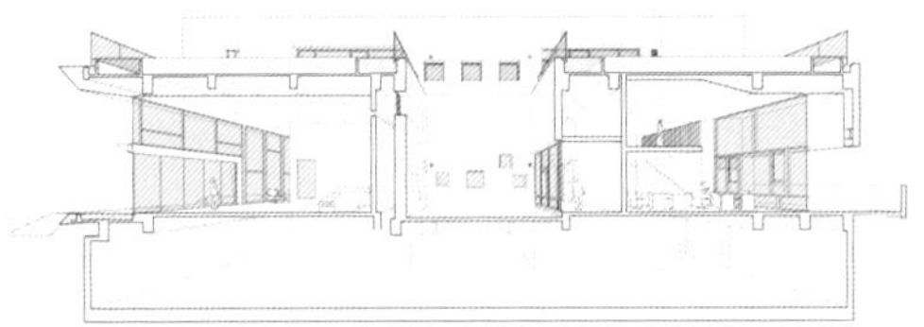

ARK

| 1 2 | 7 8 |
| --- | --- |
| 3 4 | |
| 5 6 | 9 |

1-2 通风内院
3 庭院通风分析
4 通风剖透视
5 大厅楼梯
6-7 大厅
8 办公室
9 楼梯看屋顶花园

# 向上：承上启下

采　访 | 元月

向上

1991 ~ 1996 东南大学建筑系
东南大学建筑学士
1996 ~ 1999 东南大学建筑系
东南大学建筑学硕士
1999 ~ 2003 华东建筑设计研究院有限公司
主创建筑师，工程师
2003 ~ 2005 华东建筑设计研究院有限公司
创作所所长助理，工程师
2005 ~ 华东建筑设计研究院有限公司
创作所副所长，高级工程师，一级注册建筑师，副主任建筑师，院总建筑师助理
2008 ~ 2009 英国伦敦中央圣马丁大学
环境叙述和创意实践专业
研究生

**ID** =《室内设计师》

**ID** 您怎么想到要学建筑的？请谈谈您在东南大学的八年学习生涯所受到的建筑教育。

**向上** 我父亲就是建筑师，我是在中南建筑设计院出生成长的，耳濡目染都是关于建筑设计，长大后做建筑师也成了顺理成章的事情。

在东南大学读书的时候没有太多思考教育的问题，也没有质疑过教学安排是否合理，因为自身处在一个“体系”之内，没有来自外界的不同声音，就像制定好的轨道，只能沿着它往前开，看不到其他的方向。2008年，现代集团派我和俞挺到英国进修，这样我就有机会接触到了英国的建筑教育，才由此有了反思。现在回过头想，我们当时很多课程目的性不强。比如绘画，国外一般不大会要求学建筑的一定要会画画，更不用说考绘画，而国内1990年代毕业的、包括更早的几辈建筑师，有好多人绘画水平之高已经可以出画集。但实际上建筑师未必非得要会画画，我觉得更重要的是要有美学修养，能理解什么是美的，能创造美，可当时我们学画画基本上就是为了培养画效果图的能力。另外作为建筑专业，自然都以设计课为主科，但是其他如建筑物理等课程却被与设计课割裂开，作业中也不考虑是否体现出了本来应该与设计交织在一起的对力学、结构、材料的理解。评价体系也有问题，老师对学生的判断基本上就是基于几张效果图，虽然我留校的作业不少，但我后来反省，更多是因为我画得好，而不是设计得好。

**ID** 我们看到您曾经撰文谈及国内教育体系在想像力、创造力引导方面的缺失，您觉得作为学生而言应如何培养自己这方面的能力？

**向上** 国内的教育很多时候是灌输式的，老师恨不得给你一个框框，而就我在英国所看到的情况而言，老师不会给学生标准答案，只会提出建议而非轻易否定任何东西，最终让学生自己找到聚焦点。其实所谓创新，是需要有基础的，不是我们所谓“灵感闪现”。灵感当然受欢迎，但灵感往往是经由积累而迸发出来的。英国的学生完成一个作业时会花大量时间精力做调研和资料整理、分析工作，由此产生新的思考。中国的学生从小受到的教育就没有多少发挥创造性的余地，所以一旦面临一个课题，最先想到的是看以前别人是怎么做的，最终自然只能得出一个跟前人相似的结果。说实话我认为在当下教育体制中长大的学生，要破除传统思维模式的套路是非常不容易的。

**ID** 您1999年硕士毕业后到了华东建筑设计研究院创作所，到现在已经12年了，请谈谈您在创作所的工作模式和您对大院设计机制的思考。

**向上** 创作所这个概念实际上是改革开放的产物，招投标法出台后，拿项目就要通过竞投，所以设计院也就想到要专门集中一股力量来做投标，创作所就应运而生。这个部门需要的一般是有点激情、精力充沛、能熬夜也能打突击战的年轻人。一般而言创作所主要以方案为主，做的都是项目前期的工作，到合同签订就换手了。那么现在我们也认识到这里面有其弊端，从设计师培养的角度出发，现在也做一些后期的工作，这样对整个项目运作认识会更全面，也有利于更好地理解建筑，再运用到方案设计上。

其实我觉得现在的大院挺挣扎的，也都努力在给自己寻找方向。比如北京院、中国院，都在改制，华东院从2008年开始也是一直在调整。这些改动或者调整往往有利有弊，一时间也难以盖棺定论。我对于创作所的规划也是一直在思考。创作所这种形式目前也存在争议，有人认为可以取消，但我个人感觉或者可以演化为另一种形式。我不太赞同将创作所形式完全取消变成工作室，这样遇到大型项目时可能就很难临时集中合适的人力来应对投标。我个人认为可能比较合理的模式是创作所先保留大部分力量，来完成短期投标的工作，同时还具备一部分实力来继续深化初步设计乃至施工图，这些合同以后的事情，将可能解决创作所的成本问题。

**ID** 在您的设计生涯中有哪些项目或经历给您带来比较大的影响或触动？

**向上** 人民银行支付中心上海中心是一个，我第一次将设计深化下去，做了大量施工图和配合的工作，对我的启发蛮大的。还有一个是2007年的北京党校项目，2008年我做完初步设计之后刚好就出国了，等我回来这个项目施工图已经做完了，我又跟着做了一年多施工配合，当时是一天到晚要跑工地，频繁往来于京沪间。

这个项目对我影响很大，我就意识到对项目有一个全面的认识对设计师是非常重要的，你就知道很多东西确实要想清楚。你会遇到很多问题，不只是建筑方面的，还有各专业领域的、施工上的，包括应对业主、监理、供应商等等的问题，到那个时候设计师就成了一个协调者。做方案时你可能是个理想主义者，等到做施工图时就发现会受到各种规范的限制，再到施工阶段又要面临来自各方面种种约束，而且会发现在施工图阶段没考虑到的问题这时就全部暴露出来，要你更费心力地去解决。

2008 去英国的进修也是我设计生涯中的一个转折点。那是我在建筑设计生产领域的一个急刹车，有点像休克疗法一样的，很突然就被派出去，丢下了手头的种种繁杂的事宜，一下进入到一个平和的环境中，安心学习，看看外面的世界，跟很多年轻人交流。这段经历带来的是创作观的改变——以前我思考一个案例的时候，总习惯去看有哪些相似的案例，从中找一个适合现学现卖的；但从英国回来后我就经常想，我要找到目前这些设计里面有可能改变的地方，找到突破点，要做出不一样的东西。这个突破不能是毫无道理的，而是建立在对原有体系的熟练之上，从中找出有哪些可以突破的。大家一旦对某种模式熟悉以后，往往会把它越做越纯熟，最后完备成一个套路，而一个套路一旦定型之后就很难摆脱了，创造性就这样逐渐消失，比如现在的高层建筑就是这样。我现在考虑的就是套路中有哪些可以改变，而且这种改变不是纯形式的，它必须要对功能有所触动。

**ID** 由此我们也联想到您曾谈及大项目的创作，能否就此具体谈谈。

**向上** 我当时谈到这一点是针对现在大家一说创作就总是围绕着小项目。小项目就有点像绝句，短小精干，容易有性格，也容易实现；大项目则是一大篇文章，由无数个小段落组成，挑战也就更大，限制更多，更难突破套路。但我认为，这不等于大项目就没有突破的余地。无论什么样的项目，都会有一些优秀设计师能够发挥出极强的创造性。比如 OMA，我曾听他们介绍其设计的波尔图音乐厅，那是极具思想性和革命性的设计，但又基于功能场地文脉。还有以做商业项目而著称、已经可以说形成流派的 JERDE，他们的设计非常注重人的体验，有很多曲面，材料的运用也很独特，他们在日本设计了难波城购物中心，看上去就像一个巨大的立体花园，JERDE 完全颠覆了我们对商业项目就是一个大盒子的认知，而在其中加入了大量趣味性和体验性的内容，非常人性化。我们国内的项目其实创作的余地非常大，因为机会够多。但很可惜的是，我注意到一些有留学经历的设计师，回国之后那种创作的态度又会渐渐被模仿式所替代，这是很大的浪费。我希望能把那种对设计的感觉延续下去，推出一些新的东西。所以从 2009 年回国以来，在这几年的方案设计中也体现出来一些变化，我会把概念做到更加极致，更加有趣，而不是一个中庸之作。我觉得这应该会对市场带来一定的启发。

**ID** 那么您的尝试有没有受到来自业主等方面的抵触？

**向上** 当然有。你要摆脱某个体系，必然会受到习惯于这个体系的人的抵触。国内的设计还是有其套路的，我们按套路出招，以国外的审美视角看来可能就会觉得平庸；反之国外好的设计往往没有套路，最后所呈现的形态以国内的审美视角来看可能就觉得一下子接受不了。我现在越来越体会到西方当代的审美观是没有一定之规的，这种思维方式和当代艺术是有关联的。以前其审美与古典主义相关，它会有衡量标准，如黄金分割之类，而现在都被解构掉了。当代艺术是一种概念艺术，设计也是如此。如果有一个很好的概念，能把它完善，让大家吃一惊，这就是好作品，无所谓你用什么方式表达。我们有两位设计师与芬兰的 JKMM 合作参与芬兰一个项目的投标，他们主要负责立面部分，最后获得了第一名。那个设计如果放到国内，他们都不敢拿出去竞标，这就是环境不同，体系不同。以前我对马岩松的设计不以为然，但是后来我想，为什么我们就不会那样做？他接受了西方的建筑教育，而且他没有轻易放弃那些思考方式。所以现在我们的设计团队讨论方案时，我经常提醒自己不能用个人爱好或常见的套路来轻易否定哪个方案，而是要看设计师为什么这样做，如果有很好的理由，有创新，概念和形式匹配合理，我就应该肯定他。

**ID** 您怎么看待当下中国设计的本土化问题？

**向上** 举个例子，世博会里那么多场馆，除了中国馆，你觉得哪个馆从外观上就可以一眼看出是哪个国家的？当然他们都解释得出与本国的联系，但英国馆看上去"英国"吗？丹麦馆看上去"丹麦"吗？其实这个世界走到现在已经是个全球化的世界，没什么理由要拿一个看上去一眼就是"中国"的设计出来。大家现在对这个问题计较，可能也是民族自尊心日益增强的结果。但我觉得就大众的层面而言，并没有太强烈的对"有中国特色的设计"的呼声。

**ID** 您还有一个很有意思的身份——华东院内刊《A+》的主编，可否谈谈"主编"心得？

**向上** 当主编这件事其实是"被主编"，当然我也不是像图钉般硬是被按在那里，我对这件事还是挺喜欢的，也会参与每一期的策划。我觉得设计师需要有思想。写文章会让你情不自禁地去思考一些问题，而这正是你做方案时没有去想的。写出来等于是种总结，会让人有所提高，我觉得这是个蛮有意思的过程。现在的设计师往往做得多，想得少，说得就更少了。我希望设计师可以多想想，多表达，也等于是搭建一个自我提升的平台。我有一篇刊首语的题目就是《想想再设计》，很多人没有想，看套路不叫想，那是抄，这种山寨设计的影响我觉得是很不好的。有一点独立思考非常关键，别看这四个字说起来简单，要做到真的太难了。

**ID** 您觉得您这一代设计师和前辈、后辈相比有什么特别之处？

**向上** 我们这一代是承上启下的一代。我觉得每一代可能都比前一辈更具有开放性的眼光，所谓"一代不如一代"，多少是带着嫉妒的说法。即便现在的建筑教育比较沉闷，但是也比我们当年的好，比如"60 后"上学时基本没什么机会学计算机，"70 后"就有机会了，而"80 后"可能中学就开始玩计算机，"90 后"小学时就已经玩得很熟……我认为一代会比一代强，"80 后"、"90 后"会更适应当代社会，会很快地成长起来。美国曾经把战后婴儿潮的那代人称为"垮掉的一代"，但现在把持 IT 领域的基本就是那一代人，他们会把他们的创造性、对社会的反抗用到对社会的变革上，他们也的确改变了世界。我相信中国设计的未来也一定是向好的方向发展。END

# 多义空间对复杂内容的表述：上海长途汽车客运总站设计

撰　文　向上
摄　影　向上、刘大龙

地　点　上海市闸北区中兴路1662号
面　积　7.6万$m^2$
方案创作　向上、仇嵘刚
设计总负责　谢耕，钱文华
设计时间　2002年6月
竣工时间　2005年9月

任务的复杂性：营建一个依附于交通枢纽的多向度复合空间

上海长途汽车总站前身是上海市闸北区太阳山长途汽车站，老站位于铁路上海站北广场北侧，用地狭小，交通混乱，日发车480班。为了扩大规模和整治环境，2002年芷新公司在政府的支持下决定迁址重建。 新站选址铁路上海站北广场西侧。地块呈三角形，东西最长处362m，南北最宽处140m，规划用地面积2.9476万$m^2$。基地东侧是铁路上海站北广场，交通便利。

该项目虽然为市政设施建设，但是上海市政府灵活运用民间资本，引导房地产商进行捆绑式开发，在保证长途客运站合理使用的前提下，允许开发商在基地内建设一定量的商业项目，以保证政府和开发商双赢的局面。因此，该项目不同于普通单一性的长途汽车客运站，它是客运中心与商业经营的一个共生体。另外，出于投资方的考虑，它被要求是标志性的，却又不能是豪华的，这对建筑师来讲无疑又是一项考验。

设计策略：交通、功能、形象的分项定位

首先，充分利用基地的道路条件，尽量确保长途客车流线不与城市普通车流相交叉或重叠。如何在拥挤的基地和复杂的交通条件下组织有效的交通在本项目中无疑是首要的。

其次，将建筑的交通运输功能与商业功能以最简洁的方式区分开来，避免不同人群的穿越或混杂。作为一座交通枢纽，其交通运输功能应该是第一位的，商业空间的开发必须以不牺牲前者利益为前提，我们在设计中将两个功能区域以一条东西向的轴线作了简单明确的分割，同时满足了交通枢纽自身对商业的需求和联系。

最后，尽管建筑中功能相互独立，但毕竟是一个开发项目，我们必须考虑到建筑形态的完整和统一性以及与城市空间的延续性。在设计中我们尽量保持了建筑形象的完整性和独特性，使得客运站在旧城改造的浪潮中成为区域的风向标。

基地解析：以契合环境为原则

由于车站的功能与大规模商业融合，建筑的各种入口与基地周边环境的契合成为设计关键，通过对基地条件的详细分析，我们作出了一系列决定。

基地北侧为中兴路，旧城改造后，道路将拓宽一倍，成为闸北区重要的城市干道。同时随着城市更新，中兴路两侧的商业将会有较大的发展，同时，临中兴路一侧不适合作为汽车站的车流和人流集散场所。

基地以东为孔家木桥路，孔家木桥路通向铁路站北广场，为了便于交通换乘，我们决定在靠孔家木桥路一侧开辟一块广场作为进出车站人流的缓冲场地。并在基地东南角设置一个出租车停靠站，便于进出站人流的疏散。

基地以南为双车道交通路，交通路以南为轻轨和铁路轨道区，有围墙隔离，在基地范围内的路段上没有其它交叉路口，也没有行人经过，因此在交通路上开设客车出入口是比较合理的选择。

基地以西为恒丰路高架，位于三角形基地锐角的端部，此处用地狭小，因此我们结合设计内容，在最西端设置了一处加油站，并沿南北向在基地内开出一条通路，将加油站和主要建筑群分开，此路同时满足了加油站对外经营，以及增加车站备用出口的要求。

形式概括内容：一个真实的体量

对城市的基本条件作了详细的梳理后，这座复杂综合体的功能分布便有了合理的依据。依据相应的功能及面积要求，我们在三角形的基地上作出了一根东西向的轴线，轴线以南为长途客运站的站房区和发车、停车区，轴线以北为商业区，轴线的东端是大型的人流集散广场，轴线的西端以加油站收头，轴线中间还设置了一幢27层高的综合楼，入口面向中兴路。这样就把长途客运交通与商业活动完全分开，两类活动分别在

各自区域内展开，所有的功能都呈直线型布置，减少迂回，让功能分区一目了然。

同时，我们在总体的构图中运用了三角形、圆形、矩形等多种具有明显几何特征的体量，这些体量真实的反映了它们所包容的功能，并有机地融入基地形态。

・三角形——与地形最有机的融合。

首先对应基地的三角形特征，把裙房沿中心路一侧平行展开，使所有的商业活动融于三角形裙房之中。三角形的金属卷棚连续地盖过商业空间，并在端部形成了车站入口的巨大雨棚，活跃了中兴路的城市空间。

・圆形——流畅的功能转换

应对主广场以圆形体量作为起点，突出入口形象；并将售票、问询、办公等后勤服务用房沿环带布置，围合出车站入口多功能大厅。

・矩形——最直接的候车线路

矩形体量的候车带插入服务圆盘，使之成为简捷、高效的客运部分。

・折面、高楼

100m高的综合办公楼，作为垂直向的限定，成为城市中导引性的地标，折面外墙作为一种戏剧化处理手法得到了充分体现，亦是对于周边环境文化性的折射隐喻。

多义性空间：建筑伴随城市的生长

由于开发商的介入，对于该项目的今后使用提出了新的课题。开发商对长途客运站的功能作出了大胆的设想：假如若干年后，长途客运量减少，或取消此站，那么将来如何再利用现有结构进行二次开发，这是他们对该项目的远忧。

作为建筑师，必须对市场的需要和变化作出应对。我们运用多义空间的设计理念，努力创造建筑伴随城市的生长的可能。我们在方案调整中为业主提出了将来灵活经营的保障方法，首先，车站入口处的圆形大厅在功能切换时可以成为商业主入口中庭，方便达到各部分空间，其次，我们设计的候车大厅为长条形，不设高空间，层高 5.4m 与商场部分对齐，为今后功能切换提供方便，最后，二层的候车平台在遇到今后的功能更替时，可以在其上空覆盖弧形屋面与原有屋面对接，在增加营业面积的同时，保证了建筑艺术的完整性。总之，标准化的多义性空间将满足城市对建筑多重要求，从而避免资源闲置和浪费。

回访—认可：空间的高效使用

在车站正式投入运行的第二个月，我来到汽车站做了一个项目回访。我走访了这里的出租车司机、交通协管员、周边酒店的服务人员，车站乘客以及车站的行政人员，听听市民对这个项目的认知度和满意度。在实地的观察和走访中，我发现车站的公共空间设计得到了大家的广泛认可和喜爱，除了建筑物标志性的外形外，大家印象最深的就是明亮宽敞的圆形售票大厅：两层高的大厅既是售票厅、门厅，又成为衔接双层候车厅的咽喉，空间使用效率很高，这也得到了业主的欣赏和认可，尺度适中的门厅既解决了人流集散问题，又成为车站的公共形象，而且避免了门厅过大带来的空间和能源浪费。

另外，作为上海首座拥有双层发车位的长途汽车站，在基地并不宽裕的情况下，较为合理地设计了众多的大型车辆进出口以及各种复杂的交通流线，并安排了充足的商业面积，而且至今没有出现混乱，令人感到欣慰！END

上海长途汽车客运总站

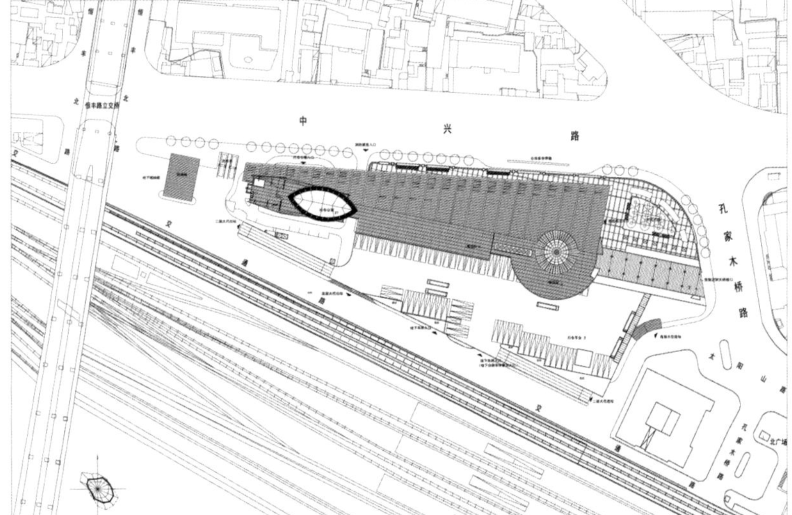

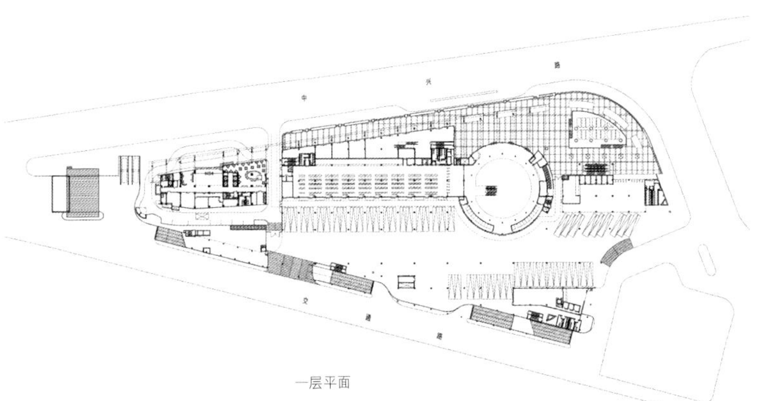
一层平面

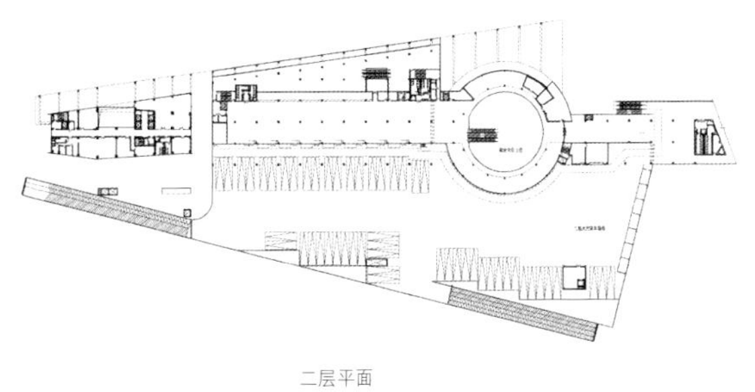
二层平面

1 车站鸟瞰
2 基地总平面与原始环境对比
3 塔楼恒丰路桥立面
4 各层平面

1 车站全景
2 立面图
3 裙楼与塔楼连接局部

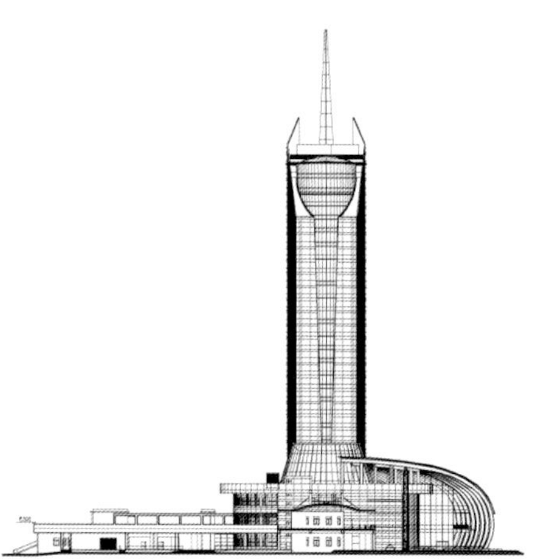

东立面

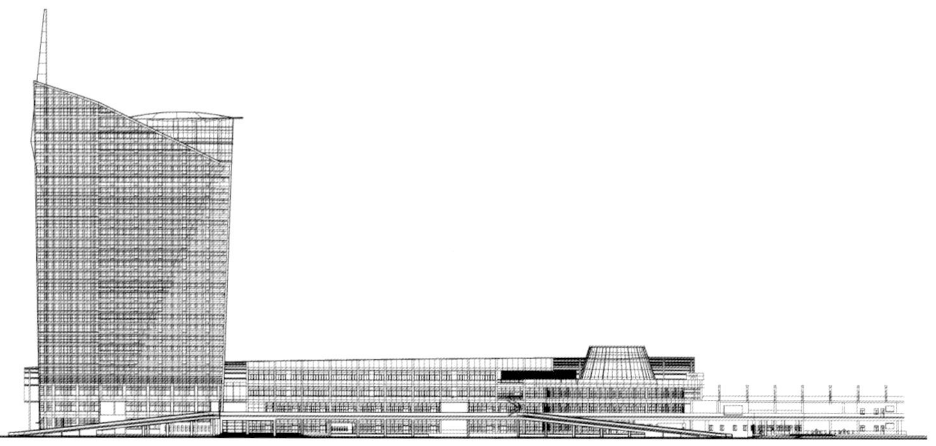

南立面

# 建筑综合体与城市的融合与促进：武汉新世界中心设计

撰　文 | 向上

地　　点 | 湖北省武汉市汉口区
基地面积 | 37234.76m²
建筑面积 | 28.3万m²
主设计师 | 向上
设计时间 | 2001年
竣工时间 | 2007年

项目基地位于汉口解放大道与利济北路的交叉口，属武汉市中心区繁华地带。有鉴于建筑综合体是一种超大规模的建筑类型，它不是单体建筑的简单放大，而是城市社会生活与空间环境高度聚集的产物，从而成为建筑与城市的某种过渡形态。针对这一特点，我们在综合体设计中，除运用建筑设计原理外，还应引入城市设计的理念，采用建筑与城市一体化的设计方法，才能达到理想的目的。我们主持设计的建筑方案在有7家境内外设计单位参加的方案竞标中胜出，并成为实施方案。

## 总体布局

目前国内流行的商业类建筑综合体一般采用"生日蛋糕式"的"塔楼＋裙房"形式组成。那些被安插在大面积商业裙房上部的酒店、写字楼或公寓等高层建筑，数量多，体型杂乱，如不加以统一规划，势必造成综合体空间组织的困难，也难以形成完整的建筑景观。因此，对于这一类综合体的设计，首先应该从建筑群组的规划出发，做好总体布局。

根据业主的要求，武汉新世界中心由以下几部分组成：商场11.45万m²，酒店3.17万m²，写字楼2.21万m²，公寓5.70万m²，及6.03万m²的地下建筑。显而易见，综合体组合单元的数量将会很大。

我们在设计时，首先确定了大的布局原则，既商业裙房满铺于基地中央，酒店与写字楼沿基地的北侧与东侧布置（临城市干道），规模较大的公寓群布置在基地的南侧与西侧（临小区级道路）。这种大布局原则反映了功能意义上的普遍合理性，但尚未体现设计的独创性。我们的创意主要表现在裙房四周高层建筑形式的选择与组合上。

关于酒店与写字楼的形式。我们认为不宜将两者叠合做成超高层形式，因为与本工程仅一路之隔的世贸商城（58层）和武汉广场（49层），都是体积庞大的超高层建筑，在高度上很难超过它们，形象上也难以突出自身的特点。同时也不宜做成并列的双塔。两者面积不等，层高不同，不能勉强做成对称的姐妹楼；况且两个既不对称又难分主次的塔楼是无法形成构图中心的，只会增添混乱。对此，我们另辟蹊径，选择一个板式建筑和一个基本等高的塔楼，沿主干道成断开的L型布置，其上部则用"飘带式"屋顶将两者连接一体，而建筑间的"缺口"处正好布置商场主入口。这种处理手法大大增强了沿街立面的整体性，有利于塑造完整的城市景观。

关于公寓的形式。我们也认为不宜选用常规的独立式塔式住宅类型，因为其单体数量较多（至少5～6幢），相互间距较大，必然带来总体布局的困难，造成综合体轮廓的凌乱。所以我们按照"化零为整"的原则，选用了两端可拼接的单元式高层住宅类型，将公寓群"板式化"，沿基地内侧成反向的L型布置。

这一正一反两个L型布局构成的建筑群组浑然一体、一气呵成；其"大而不高"的"围城"式体量，在高楼参差的周边环境中起到了一种平衡与稳定作用，对中心区建筑秩序的建立具有重要意义。

## 交通组织

综合体依其辐射能力的大小，吸收着来自城市各个方向和不同距离的人流，他们一般需借助各类交通工具才能到达，因此机动车辆的交通组织成为解决综合体外部交通的首要问题。总结国内外许多成功的经验，有效解决这一问题的办法是，采取立体化的交通手段，努力实现建筑与城市交通的一体化。

本工程位于城市干道交叉口，基地两侧只允许向市政干道各开一个机动车出入口。为了实现人车分流，我们通过这两个口部，组织一条基地内的地下车行环道，将进入基地的车流直接引达地下层，再分流至综合体各个组合单元的地下口部，或直接进入地下停车场（可停车720辆）。

在人车分流的基础上，地面层步行交通就变得安全、畅通与简单了。为了接纳来自城市公共交通的地面人流（主要是商场购物者），建筑临解放大道一侧后退红线22M，利济北路一侧后退15m，街角处（即商场主入口处）后退50m，并在三个方向相应设置了商场的三个入口广场。城市道路交叉口也是步行者穿越马路的位置，利济北路与解放大道各设过街地道，我们将其延伸，并通过自动扶梯将人流直接引入综合体室内，从而使城市交通设施与综合体人流组织有机结合起来。

商场内部交通组织颇具特色。商场每层建筑面积达1.82万m²，为了使这个巨大的室内空间做到"庞大而不迷乱"，我们参照"城市——街道——广场"的外部空间体系，建立起"商业城——步行街——中庭"的室内空间系统，目的是使空间有序化和趣味化。具体做法是，从商场沿两条主干道的入口设置一条穿越商场内部的弧形步行街，并在商场中心放大成一个直径30m的圆形中庭，组织整个室内交通网络。步行街在必要时可向消防车开放，成为室内消防通道。

## 形象塑造

商业建筑与市民日常生活的联系最为密切。它不单是一个方便、舒适的购物场所，

1 武汉新世界酒店屋顶花园
2 武汉新世界中心外观

还是都市生活体验与情感记忆的载体。所以商业建筑的外观造型与室内形象具有最为大众化“波普化”的特征。

我们为武汉新世界中心设计所确定的目标是，塑造“平民的商业之都”，营造一个属于武汉老百姓的大俗大雅的建筑形象。武汉作为中国近代开埠最早的商埠之一，至今保留着许多带有浓厚殖民色彩的“欧式建筑”，所以我们在设计中大胆调动古典与现代两种相对立的元素，让它们在既自由又规整、既夸张又严谨的氛围中，充分碰撞，创造出一种易于为大众解读的“现代巴洛克”风格。武汉老百姓可以在这里找到它们引以自豪的具有70年历史的老建筑“民众乐园”的影子，但更能真切地感受到自己是置身在一个全新的“乐园”之中。

对于综合体高层部分的住户来讲，裙房屋顶无疑是建筑形象极为重要的组成部分。位于屋顶中央的圆形玻璃穹顶，如同一颗明珠，与周边L形的建筑共同组成“二龙戏珠”的美丽图画。屋顶花园将成为综合体的“空中绿洲”，高层住户休闲与进行户外活动的场所，在一定程度上缓和了高容积率与高密度建设所带来的环境压力。为了避免在屋顶花园中产生坐井观天的感受，所有裙房以上的建筑一律架空5.4m，让视野更开阔，同时保证屋顶花园空气的流通。

建筑综合体的出现，为城市居民提供了一种新的生活方式，也提升了所在地区的城市功能，对提高城市土地的利用率尤其具有重大意义。但是，高强度的集中开发，也会对城市局部环境带来一定的负面影响，在环境与生态问题日益突出的今天，如何兼顾经济效益与环境效益的平衡，将是值得我们大家长久探讨的课题。END

| 1 | 4 5 | 6 7 |
|---|---|---|
| 2 | 3 | 8 9 |

1 酒店步行街夜景
2 酒店中庭仰视
3 酒店宴会厅
4-6 酒店餐厅
7-9 酒店客房

# 细节让盒子更美好：中国人民银行支付系统上海中心设计

撰　文 | 向上、陈宏亮
摄　影 | 刘其华

| | |
|---|---|
| 地　点 | 上海张江银行卡园区 |
| 基地面积 | 6.47万$m^2$ |
| 建筑面积 | 5.8万$m^2$ |
| 设 计 师 | 向上、许轸、陈宏亮、王里禾、陈磊、傅百磊 |
| 设计时间 | 2006年1月 |
| 竣工时间 | 2011年1月 |

这是位于上海张江的一组园区建筑，由两栋主体建筑组成，园区面积6.47公顷，业主让我们把土地尽量腾出来做园林绿化，两座建筑最终要掩映在绿化当中。我们怀揣着业主的憧憬，努力编织着建筑师的理想。

最早的设计始于2006年1月份，2011年初投入使用，时隔正好5年，以这样的建设速度在目前的中国也算是历尽风雨了。最初的方案中，我们以庄严对称的格局去试探北京领导的口味，但是遭遇重创，在来来回回的多次沟通后，我们终于意识到原来这是一个可以有所发挥的项目，大家如释重负。

这两座建筑中，一栋是“L”形的办公楼和大型机房，一栋是“U”形的宿舍和生活用房。两者之间在地面上遥相呼应，共同营造院落空间，地下则由地下车库和步行通道相连，保证园区工作人员的通行风雨无阻。园林设计中我们采用了立体绿化的方式，一方面利用地形设计了高低起伏的草坡丘陵，以增加园区的层次感；另一方面我们引入了下沉庭院的设计理念，通过高低变化的庭院增加了园林景观的空间感，这样的设计也让自然的光线眷顾到地下一层员工活动的空间，包括食堂、健身房、和连接廊道。

毕竟不是文化建筑，投资也不是没有节制，我们的设计在实用、经济的前提下，适当地考虑着美观。盒子的外形在功能布局的前提下是不能改变的，我们能做的是尽量为这两只盒子设计漂亮的外观。

我们首先从色彩上找到园区的重心，那就是办公楼，“L”型的一横，面向主入口和园区外的河道。黑色的镜面花岗岩墙面为成为园区中心，与其余建筑的乳白色墙面形成对比，在区域中制造出方位感。黑色的镜面石材，恰如其分地反射出乳白色墙面的倒影，使得两者间产生互动，避免了黑色的压抑和突兀。

接下来，如何描绘出丰富却有秩序的外观，打消盒子的单调感，立面设计成为我们的工作重点。在立面的推敲过程中，设计出建筑表面的层次感和节奏感花费我们大量的时间和笔墨。

位于场地边界的大型机房，“L”型的一竖，成为我们纠结的地方，数据机房有23m高，86m长，原则上可以不需要开窗。但机房又位于城市的主要道路边缘，如果是平板一块不加修饰，领导的园林梦想将毁于此，其后果不堪设想。在平面设计中，我们有意将机房的走廊设计到外侧，这样既能保证机房有人区的自然采光，又给立面的开窗一个理由；在立面设计中，我们将窗户设计成窄条，满足了安保的需求；在材料的选择上，我们将园区内最大的石材幕墙设计成鱼鳞板状，在图纸上我们通过窗和铝板幕墙，把整片石墙切分成若干部分，避免机房带来的厚重感，细腻的划分给予那些昂贵的石材以充分表现的机会。

设计中我们耐心地推敲窗口与石材之间的模数关系，反复推敲窗与墙的比例和节奏，认真研究石材的四边收口，并精确定义了每一片石材的大小，现在看来这一切都是值得的。通过这样一系列的推敲，我们也给了城市一个完美的交代。

办公楼位于园区中央，平直的体量成为模数美学的良好画布，我们在办公楼的立面上尝试着从500到900㎜的各种模数，并试图找到幕墙与主体结构最佳结合点，窗和墙的比例也是比选的重要依据。最终我们确定了700㎜的立面模数，这样就产生了外观上700宽的短柱，1400宽和2100宽的窗，以及700宽的窗扇，并与8400的柱网严格对齐，避免了幕墙与结构柱的错位而影响外观效果。在模数控制下，黑色的建筑立面被水平分成4层，相邻层的模数倍数不同，从而造成立面上上下错位的视觉效果，增加立面机理和可看性。为了暗示立面秩序，竖向窄窗根据模数将通长的玻璃幕墙划分开来，并与相邻的机房外墙产生呼应。

办公楼的内庭院，有5个面需要关注，一个是屋顶花园，其余四个是内立面。内立面我们同样采用了错位分割的方法，让四个墙面有机地环绕起来，成为一个连续的界面，环抱着屋顶花园。内立面的大尺度分割为庭院的效果增加了戏剧性。

屋顶花园上有一个大型天窗，为建筑一层和二层的大堂采光。原本我们设计了椭圆形的天窗，但是应业主要求改成金字塔形，据说领导很喜欢卢浮宫的那个著名的入口。我们为玻璃金字塔增加了内侧的遮阳格栅，避免阳光和视线的穿透。实施过程中，施工单位擅自把格栅的设计改为Φ60的圆管，也就是脚手架用的钢管，让人哭笑不得。然而在喷完白漆之后，效果也还将就，从室内看，金字塔的外形更为明显。

“U”形的宿舍楼体型更加复杂，我们根据它每个面的朝向，设计了不同的立面。面向河岸的立面，也就是“U”字的外侧，我们采用了更大的窗和阳台，并把这些都统一在错位分割的逻辑中，由于宿舍的开间较小，立面的错位必须依靠平面的错位来实现，扩展的阳台成为变化的手段。同时，立面的层次感被反复地关注，阳台的封闭空间和开敞空间在模数的控制下，被小心翼翼地区分开来，使得沿河的立面如音符一般具有韵律和节奏感。

在“U”字形的内侧，我们更兼顾了私密性的考虑，把阳台设计成了一只只突出墙面的盒子，错位的布局让较封闭的立面更具有趣味性。

在本项目中对于材料的挑选也非常用心，除了建筑师的建议外，领导们也亲临现场与供货厂家逐一比较。办公楼和机房楼选用的是抛光黑色花岗岩和乳白色砂岩，砂岩安装之前做了浸泡封闭处理，减小吸水率和污物渗透的可能。乳白色砂岩有如麦芽糖的质地，温和细腻，与光滑冰冷的花岗岩产生鲜明的对比，而高反射的花岗岩墙面将砂岩立面完整地镜像其中，让两者戏剧性的结合到一起。宿舍楼为减少开支，外立面采用氟碳喷涂的硅酸钙板，由于应用的是外表面螺栓紧固技术，因此对整体平整度有所影响，而且与涂料墙体部分有一定色差。

玻璃材质的选择在本项目中比较成功，深灰色的中空LOW-E玻璃，透明度和反射率相对适中，保持了外立面的完整性，其色彩也与实体墙面相协调，没有出现室内装饰严重干扰建筑外观的情况，而这在设计之前是我们最为担心的。

正是一系列材料的精巧组合，使得这组建筑在周边的类似项目中显得更为细腻和富有质感。如果说建筑如服装的话，我们可以定义天安门为龙袍，陆家嘴的高层楼群为名牌西装，世博会的众多场馆为华丽的戏服，创意园区的旧房改造为混搭的嘻哈装束，那么我们的这个设计就是随意中带有刻意的Polo衫。这也许就是领导们内心的需要的那种感觉吧。

房子最终建造起来，围墙上的小广告也被清理干净，领导们兴高采烈地踏入了这片期待了5年的土地，树木们就赶紧长吧，梦想的实现就在下一个5年。END

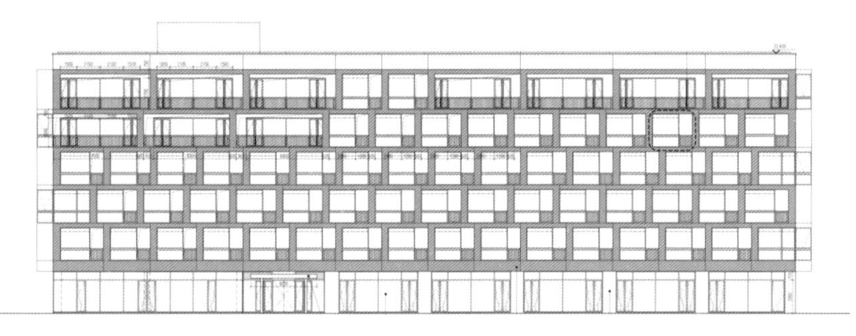

宿舍楼南立面

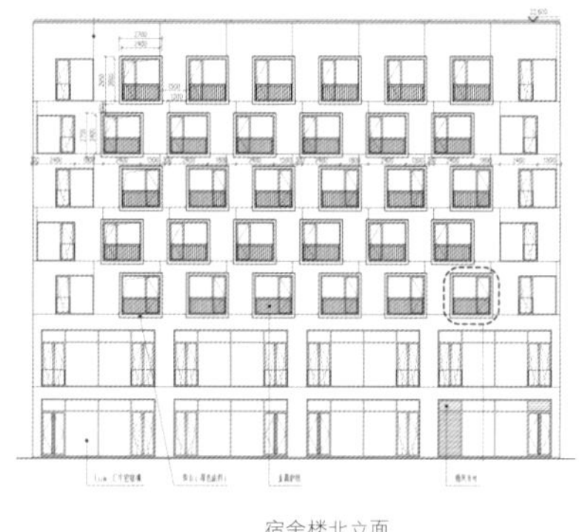

宿舍楼北立面

| 1 | 5 |
| --- | --- |
| 2 | 6 |
| 3 4 | 7 8 |

1 宿舍楼全景
2 宿舍楼立面
3 宿舍楼山墙
4 宿舍楼细部
5 黑色镜面花岗岩与乳白色砂岩墙面相互映衬
6 机房楼立面
7 机房全景
8 机房外墙立面细部

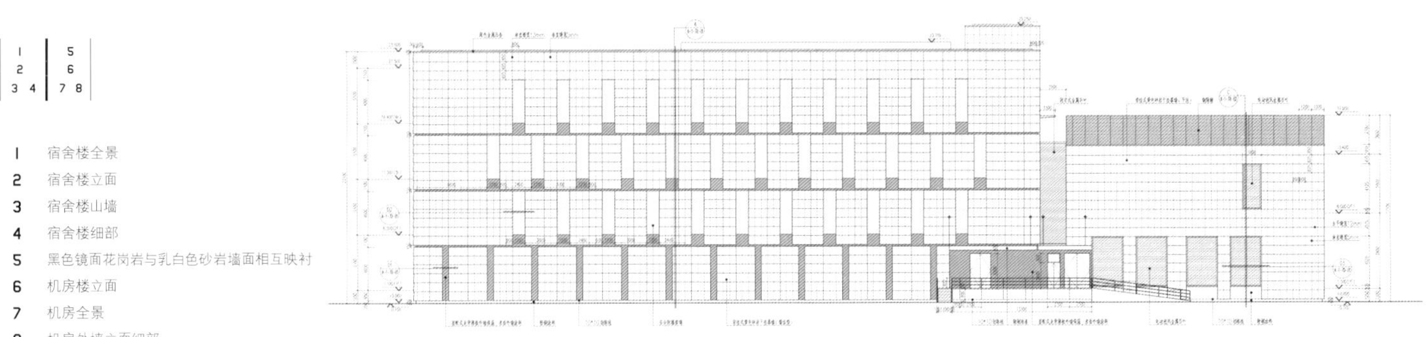

机房楼东立面

1 办公楼的正立面
2 办公楼外立面
3 弧形的下沉庭院
4 鱼鳞板幕墙大样
5 办公楼内院立面细部
6 办公楼的内庭院夜景
7 办公楼中庭
8 办公楼南立面
9 办公楼剖面

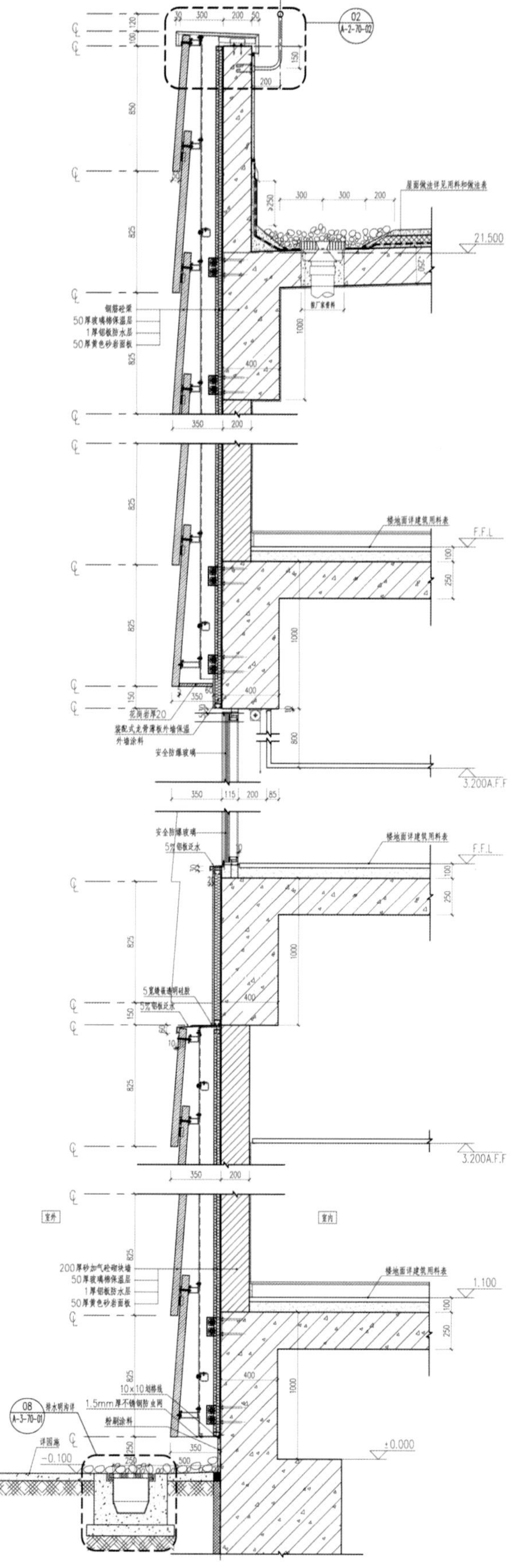

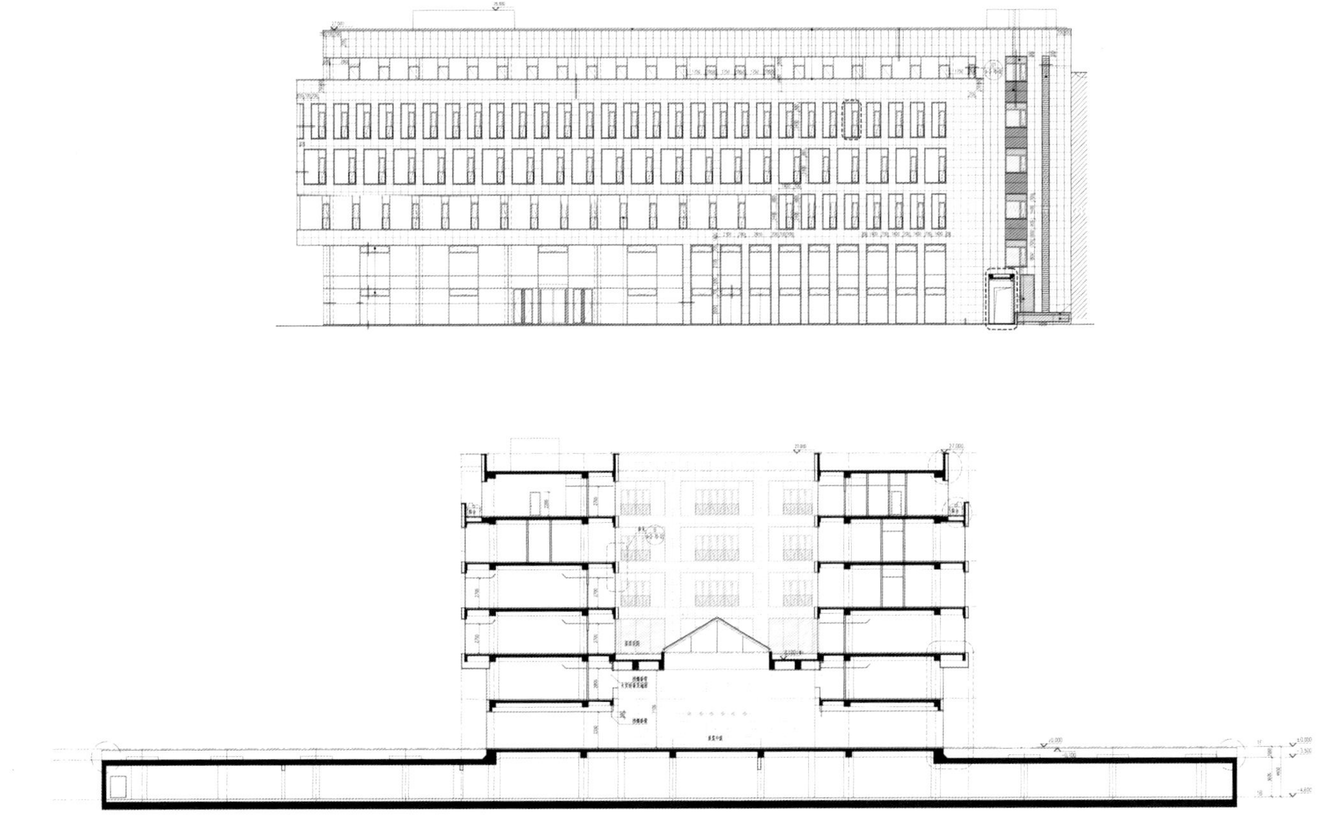

# 陶磊：平实的一代

采 访 | 木子

陶磊

1993 ~ 1997 中央美术学院附中
1997 ~ 2002 中央美术学院建筑学院
2002 ~ 2004 CIIC 建筑设计院 建筑师
2004 ~ 2005 十上社稷房地产投资顾有限公司 设计总监
2005 ~ 2006 北京左右空间设计咨询有限公司合伙人兼主任建筑师
2006 ~ 2007 都市实践建筑设计有限公司建筑师
2007 ~ 创建陶磊建筑工作室

**ID** =《室内设计师》

**ID** 您从中央美术学院附中考入中央美术学院建筑专业，当时为什么选择了在高校建筑院系中并无多少优势的建筑专业而不是更对口的纯艺术专业?

**陶磊** 我觉得有两个原因，第一个还是个人喜好。在附中读书时我们开始接触到一些设计相关的课程，当时叫工艺课，就觉得很感兴趣，觉得这是一个很有挑战性的行业，而且将来的设计成果比绘画或者平面设计更为宏大，当然那时可能想得比较表面。另一个原因跟家庭背景有关，当年的艺术品市场还比较冷清，觉得设计还是更容易生存。知道央美有了建筑专业，我就非常坚定地选了这条路。

**ID** 能否谈谈您在央美所受到的建筑教育?

**陶磊** 央美的建筑专业当时刚刚建立不久，连建筑系都不是，而是作为设计系的环艺专业。当然整体的状况也不能说特别理想，比如师资可能也不太强，课程体系也并不非常健全，而且外界对我们这样的艺术院校的建筑专业不太认可，这确实令我们感到过悲观。但也恰恰是因为这种“新”和“不完整”，又带来了极强的包容性，可以允许各种各样的讲师和个人化的教学方式进入。我觉得这对我是件好事情。建筑到了当下这个时代，可能大家更在意理念的创新以及提出新的思考，或用不同的角度来理解建筑。我们当时的教育没有把我们限定在建筑就是工程这样的思路上，我得承认我们在技术层面上的确存在不足，但这些在后来的实践中是可以弥补的，而不受禁锢的建筑思考的开放性我觉得更为难得，也是对过于偏重工程的中国主流设计观的必要补充。

**ID** 您提到所受教育中技术层面的不足，但纵观您的作品，对不同材料的把握和运用却是较为突出的，您是通过怎样的途径训练这方面的能力的?

**陶磊** 我认为对于材料的掌握是两方面的，一个是美学、感知的层面，另一个是技术层面，包括你如何适当地应用材料、合理地完成建造等等。关系到材料美学或感悟层面，我觉得是很个人的，每个人艺术感知力不同，我毕竟学了这么多年美术，对材料的颜色、质感会带来怎样的感受，可能较之没有受过这方面训练的工科出身的设计师要敏感一些。但只有感觉还远远不够，要能够应用还是要掌握应用技术以解决实际问题，比如如何保温、结构关系、维护的功能性等等。这方面的训练就要依靠工程实践中的积累和对细节的关注与思考。针对不同的项目，用到的材料也不同，与材料商和建造者的深入交流往往是很有帮助的。凹舍项目的幕墙，虽然不是什么高科技产品，但因为我们盯得比较细，反复试验各种搭配，最终的结果就较能体现我们的设计概念，也更符合项目的需求。如果对这些细节持粗放态度，没有认真研究，完成度上可能就会有很大损失。我觉得设计师首先要对自己想实现的效果有清楚的认知，然后还要通过细致的研究和具体的实践找到最适合项目的方式。有些设计师过于随意地使用材料或工艺，这是很可惜的。

**ID** 从毕业后到您成立独立工作室，这期间您从大院到私营事务所、策划公司都待过，能否谈谈这段实践经历?

**陶磊** 我这段历程其实每一个转折都挺自然而然的。最早进设计院，最基本的动机就是能留京落户口。慢慢感觉到这里不太能发挥自我，自然要去找可以实现理想的地方，那就要去尝试。先是去策划公司，没多久就离开了，因为做的设计很难执行到预期的完成结果。后来与人合伙成立了左右空间，可是发现这还不是我真正想要的做设计的状态，很多项目过于商业化，有时过于主动地去讨好甲方，人家还没要求非要怎么样就先举双手投降了，于是只能退出。之后去了“都市实践”，因为我要找一个可以去做设计，去完成好设计的地方，而“都市实践”多年来一直坚持设计的原创性、当代性和前瞻性，我觉得这对当前的中国设计是很有意义的。在“都市实践”工作了一年，确实非常高兴，美中不足的是“都市实践”要表达的毕竟是“都市实践”的设计理想，而不是我的，所以随着阅历和经验的增长，我觉得也是时候去独立操控和完成设计，实现自己的理想了。说实话我并不是很愿意自己当老板，但如果要真正按照自己的理念来做设计，又没有别的选择。

**ID** 与您的同学或者同龄人相比，您这样的发展速度算比较快的吗？可能很多人还在继续读研或留学，而你已经在设计行业中经历了一番“沧桑”。

**陶磊** 这我还真没考察过。其实大家走的路我都想走来着，考研也考过，但英语不给力；留学也想过，但经济条件不允许。走到今天，很多时候也是时势造成的。

**ID** 谈到经济状况，而您又是比较执着于自己设计理想的，那会不会有所冲突？

**陶磊** 肯定有冲突。在凹舍之前就有些未完成的项目，都谈不上什么设计费，比如 2006 年之前我曾做过一个艺术家工作室的设计，基本没有经济利益，最后也没实现，到现在我还觉得那是我做的比较好的一个设计。当时就是想做个有新意的、中国的、现代的设计，挺单纯的，就是为了追求这样一种理想。经济的问题实际上谁也回避不了，但我觉得没必要为了利益特意迎合甲方，当然不迎合不等于拒绝，而是要引导甲方，通过不断的交流、反复的讨论，向甲方展示我们设计的好处和合理性。我们也做商业项目，我觉得只要不做得特别媚俗就好，归根结底要了解甲方真正想要什么，以更有趣的方式满足其功能需求，这是我们想做的事。以我们的话语权和社会地位还没有资格挑项目，只能用我们对设计的热情，尽可能往好的方向引导，如果实在不行，退而求其次，让它至少不会太糟。

**ID** 您一般如何引导甲方？

**陶磊** 没有一个普遍适用的方法，对不同的人引导方式也不同。比如要用对方可以理解的语言，或者通过某种媒介让对方可以接受，或者通过他人的口碑来证明，或者利用现有的成例，或者反复做设计比较……要做符合自己价值观的设计，必定面临如何让人接受的问题。比如要求新，往往意味着甲方没有见过，但甲方通常都更中意他们见到过的觉得比较好的例子，要说服他们，就得非常清楚地了解对方到底中意什么、想要什么，有时甲方并不能表述得很明确，我们就要尝试各种方式理解他，然后才能让他理解和接受我们的设计。

**ID** 您似乎比较倾向质朴和平静的设计，这可能也要求设计师具有较为平和的心态，而在当前充满竞争和压力的社会中，您觉得平静从何而来？

**陶磊** 其实越是在竞争激烈、人心浮躁的环境下，人们越想要得到平静，就像越渴的人越想喝水。所以我觉得在特定项目里面，平静是最能表现时代价值观的，因为时代需要它。至于设计师的态度，我想这是一个职业还是不职业的问题。就像好的演员即使在最悲伤的状态下，一入戏需要兴高采烈时就能兴高采烈。设计师在工作状态下就需要把心思沉浸在项目当中，去体会自己设计出的空间。我并不是一定要倾向于质朴或平静，我觉得不同的项目有不同的条件，还是要具体问题具体分析，比如悦美术馆我就做得比较活跃。

**ID** 对于设计师而言，您可以说在相对比较年轻的时候已经得到了业界和公众的认可，您觉得您的设计能够脱颖而出的原因在哪儿？您曾谈到对于自己的项目还有很多遗憾，这些遗憾一般是来自于个人能力的不足还是外部条件的限制？

**陶磊** 我觉得有追求有能力的设计师还是不少，我只是其中的一个。只要坚持，真正有价值的设计不会被埋没，机会或早或晚会来，有实力就能抓住机遇。如果要我评价我自己的设计，我的设计可能比较扎实，会有新的设计理念，有比较好的艺术上的判断或文化取向上的判断，还有最关键的就是执行，能让设计落实到具体空间和材料，实施成为现实的建筑。或者说，我能够把握住三个过程：首先是恰当地选择设计方向，合理地、有创意地解决项目的需求；然后通过具体的手段如空间、动线组织、材料的应用将设计概念转化为可视化的内容；最后将这个内容实施出来，落实到细节。我对这个过程会有比较完整的掌控。

至于设计的遗憾，个人能力的不足肯定是有的，更多的是来自外部的原因。这里也分两种情况，一种是沟通不力，没能说服甲方，导致我认为最好的想法没能付诸实施，这是最让我惋惜的一种情形；另一种则是成本限制或施工有误，导致设计不能如预期地完成。每一个项目都会有各种各样的遗憾，我觉得别的设计师可能也一样，或许每个设计师心中都有一个比实现出来的项目更理想的设计。

**ID** 您觉得“70 后”设计师有怎样的群体特色？

**陶磊** 好像没有特别清楚地想过这个问题……可能较之前辈，我们较少思想包袱，也没有很强的使命感。很多前辈设计师会比较忧国忧民，担心民族的进步、文化的发展等等，我们好像觉得这些事情无须特别担心，该怎么样就会怎么样。在设计上，我们可能会希望少些条条框框，更轻松一点，随意一点。

**ID** 您如何看待中国设计的未来？又如何规划自己的未来？

**陶磊** 我觉得中国设计的未来还是很乐观的。我们的政治氛围比以前放松很多，经济环境也在不断发展，社会在往前走，设计也是如此，不断会涌现出有追求的设计师和有深度的思考。而且建造的机会也非常多，大量的累积就会引发改变，所以我觉得可以放宽心。这十年，中国的当代设计也确实越来越觉醒，以前都是比较样式化，而现在有了更多的个性和创新。

对于我个人而言，我对未来好像没有很明确的想法，我不是很擅长规划未来的人。我没计划过什么时间做到什么事，更多地是摸着石头过河。我希望设计能够成长，有更本质的创新、更独立的思考。无论是概念还是技术层面，我所欠缺的还很多，而且觉得越来越多。我认 为我还远远不能满足于自己现有的成果，也没觉得自己比别人好多少，只是一直努力着而已。END

# 文化部博艺画廊改建设计

## BOYI GALLERY OF CULTURE DEPARTMENT

资料提供 | 陶磊建筑工作室

面　　积 | 600m²
地　　点 | 北京东皇城根北街
设计内容 | 建筑局部改建+室内设计
设计时间 | 2006年3月
竣工时间 | 2006年8月

这是一个为中国文化部博艺画廊改建的项目，基地位于北京市东皇城根北街。这里原本是文化部 1960 年代建造的六层筒子楼的底层，它是一个内部功能和空间都十分单一的砖混结构老建筑，外部也缺少应有的建筑活力。门前是一个北京市为了改善老城区城市环境而新建的皇城根遗址公园。而作为画廊，这样的建筑条件根本不能满足艺术活动的需求，因此必须找到一条合适的途径来解决原本建筑内部的局限性，和外部临街空间的互动关系，为这一标本似的老旧建筑注入新的活力。

原建筑的平面被承重墙分割成相互独立的单间，相互之间缺少艺术展览最基本的流动性，这些承重墙几乎是不可能改造的，这对于画廊艺术展览来说是很不利的条件，建筑的内部空间与外部是被传统的方形窗户分割开的，完全不具备艺术展览的空间氛围。针对这些问题，我们试图在建筑外墙与人行道之间仅有的 1.5m 的空间里寻求问题的解决办法，通过这仅有的 1.5m 的设计机会来解决画廊遇到的一系列问题，同时让画廊与门前的道路和皇城根遗址公园产生良好的对应关系。

沿着建筑外立面 1.5m 的距离建起了一道用冲孔金属板做的 50m 长的薄薄的虚墙，用这道薄薄的外墙和原建筑之间建立起一条完整的空间。在这个空间里集合了画廊入口、玻璃咖啡厅、玻璃展厅外廊和竹院，他们之间相互关联，与金属薄墙形成了一个有机的整体。街道和原建筑之间形成一道中介空间 ，并将路人的视线引入室内，同样展厅外廊和咖啡厅也有了很好的视野，和对面的皇城根遗址公园相互对应。这道 50m 的金属薄墙被设计成半透明的材质，利用金属锈蚀而产生的土红色和原建筑外墙淡红色涂料相呼应，形成了厚重的色彩微差，迎合了这一老城区的城市氛围。利用冲孔而产生的半透明效果和原本锈蚀的金属质感形成了新的材料感，结合外廊和咖啡厅的玻璃盒子让建筑内部与外部形空间成了微妙的界定。这条 50m 的加建最终形成了新的建筑体，使得画廊空间有了应有的艺术性格，也让原有建筑增添了新的生机和意义。■

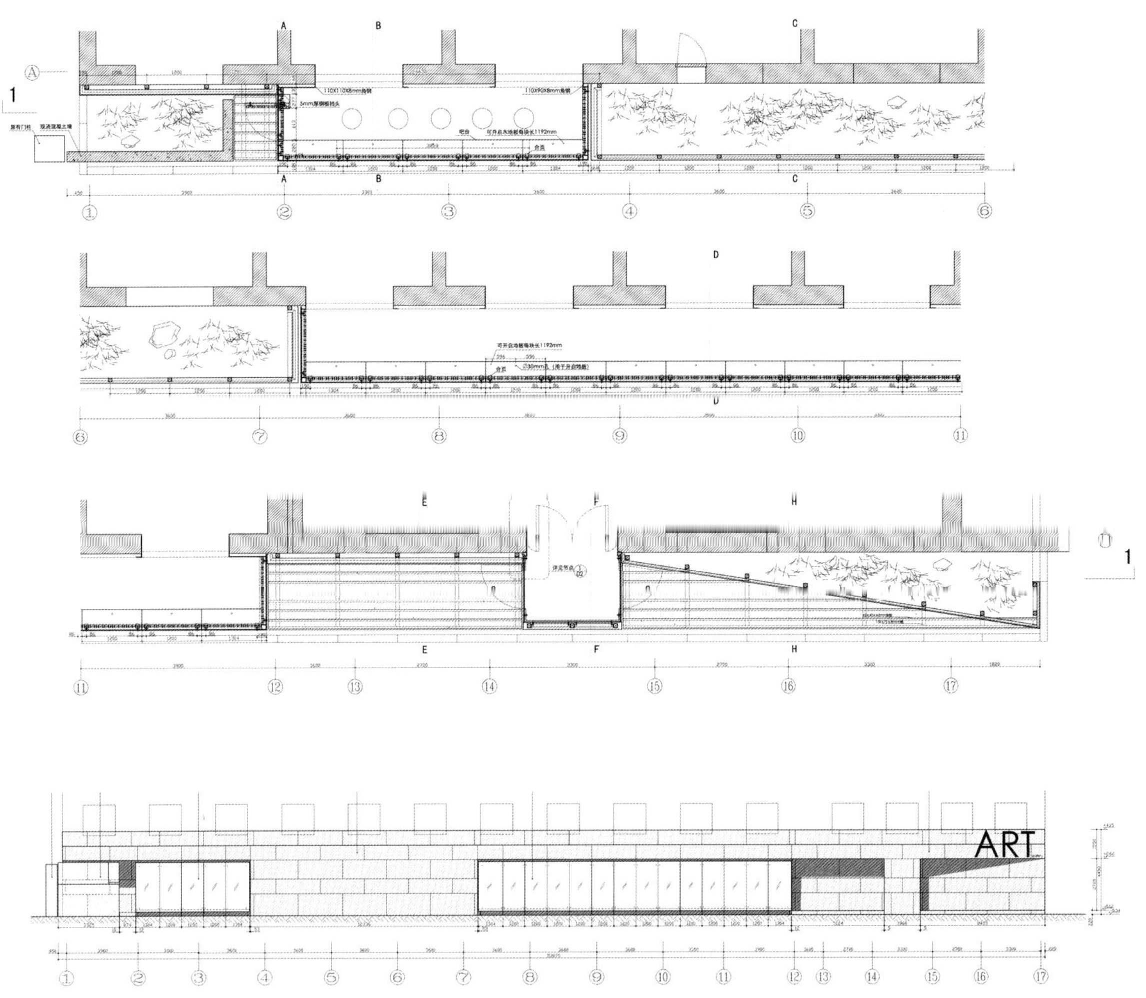

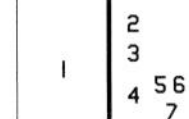

1 入口区
2 外廊部分平面图
3 立面图
4 外廊外观
5-6 细部
7 室内

# 凹舍
# THE CONCAVE HOUSE

资料提供 | 陶磊建筑工作室
地　　点 | 辽宁省本溪市
用地面积 | 5000m²
建筑面积 | 3000m²
设计内容 | 建筑+室内+景观
项目性质 | 住宅+工作室+私人美术馆
设计时间 | 2007年8～12月
竣工时间 | 2010年5月

设计背景

这是专为著名艺术家冯大中先生设计的住宅＋工作室＋美术馆。项目位于辽宁省本溪市，地处主要城区，正前方能遥看山体形成的天然景观。此建筑旨在解决快速发展的都市节奏与人文内心之间的冲突，希望在建筑中创造一个静态的内部世界，再由内而外展开对外部自然的对话，并发挥出建筑的全部潜能。它既不是公共建筑，也不是完全意义上的私人空间，这个建筑必将有其特殊的意义。这就要求该建筑既要提供相对安静的创作与居住空间，还要给来访者以一种恬静而深邃的文化感受，它需要一种温和的力量。

设计构思

凹形屋面：建筑被设计成内凹的方形“砖盒子”，屋面凹形空间向中心汇聚，与三个室内院连接成了一个整体，巨大的空间张力把整个天空全部收纳到建筑内部，并暗合了传统的“四水归堂”。在屋顶的中心设置了可上人的木质屋面，由于凹形屋顶对周边城市的屏蔽作用，这里形成了巨大的场所感，在此能够看到的只有远山、天空，还有夜晚那轮明月，感受四季的轮回，感受自己的存在。

屋中院：在这个方形“砖盒子”中，通过书院、竹院、山院的插入使得其内部空间变得丰富而有诗意，形成了“屋中院”，使建筑成为了一个外部严谨厚重而内部灵动的独立世界。插入的内院像灯笼一样点亮着整个室内空间，自然光给建筑带来了无限的戏剧性。这是在中国传统的空间意识、文化意识及当下价值观的前提下去改变一些规则，营造一个东方式的内部空间。

砖表皮：结合东北寒冷地域性格，专为该建筑定做了色彩温暖且有着良好保温性能的600mm大砖。作为建筑的外维护应该有所表达，试图让这种厚重且粗矿的材料呈现出其原有属性的相反方向。为此，将砖像拉伸的网眼织物结构一样进行垒砌，放眼到整体便形成了建筑的不透明到透明的渐变，获得了新的质感与张力。新的形式与中国传统建筑漏窗形成了通感。光线从砖的缝隙里逐渐渗透到室内，这种渐变模糊了室内和室外的界限。

双层墙：外院入口处是双层院墙，外实内虚。外墙形状是用地决定的，内墙为‘漏’墙，它与建筑平行，在不规则的用地空间内二次划分为方正空间，双墙之间便出现微妙的夹角，形成了空间的厚度与量感。渐变镂空的内墙再一次切合了传统漏窗一样的功能和空间意境，不同的是创造了新的空间质感。在入口处，双层院墙交汇，被清水混凝土顶盖整合成相对完整且具有雕塑感的视觉空间。END

1 | 2 3 4 5

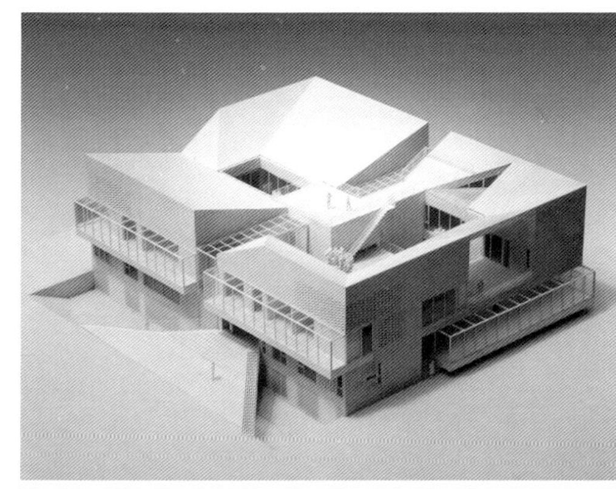

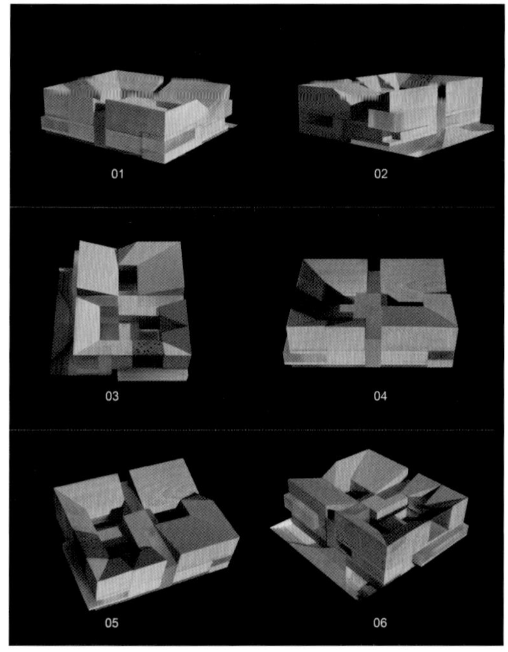

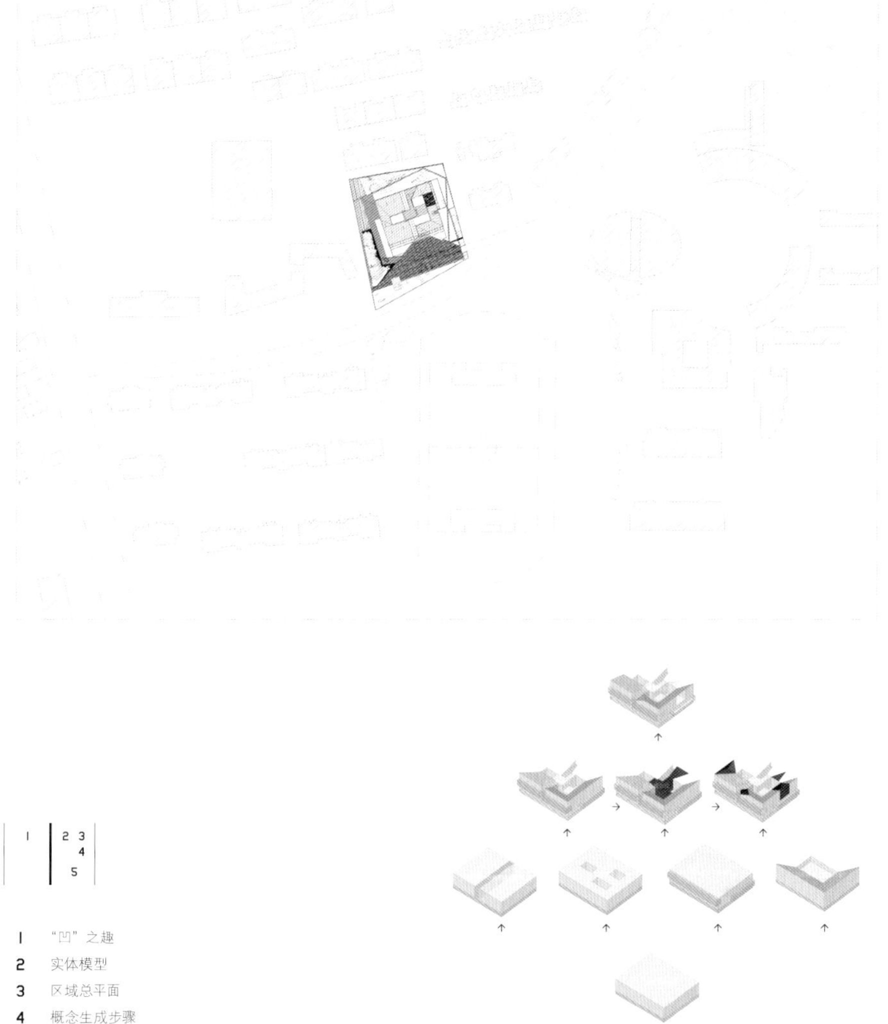

1 “凹”之趣
2 实体模型
3 区域总平面
4 概念生成步骤
5 建筑与场地环境

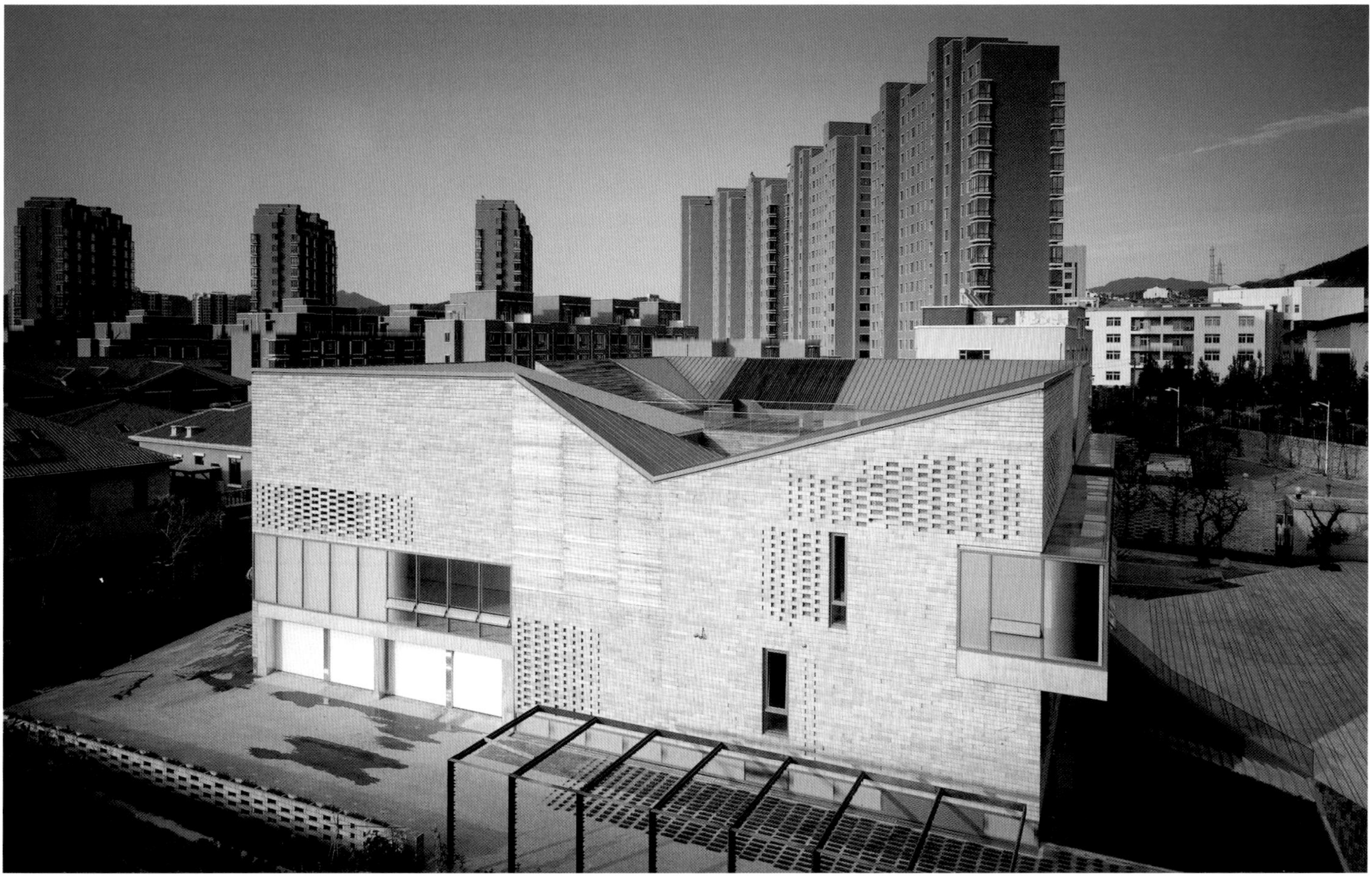

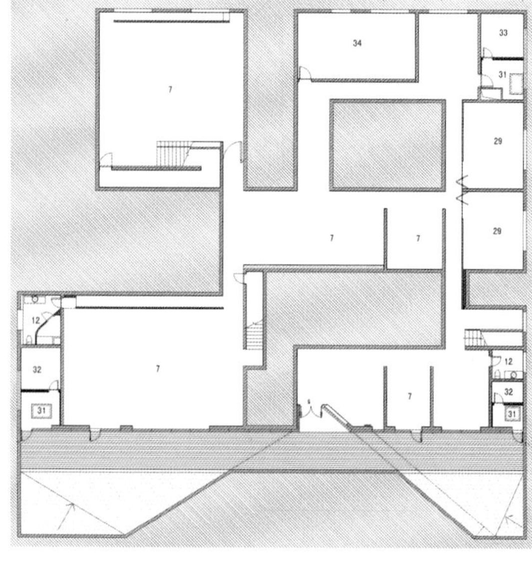

一层平面

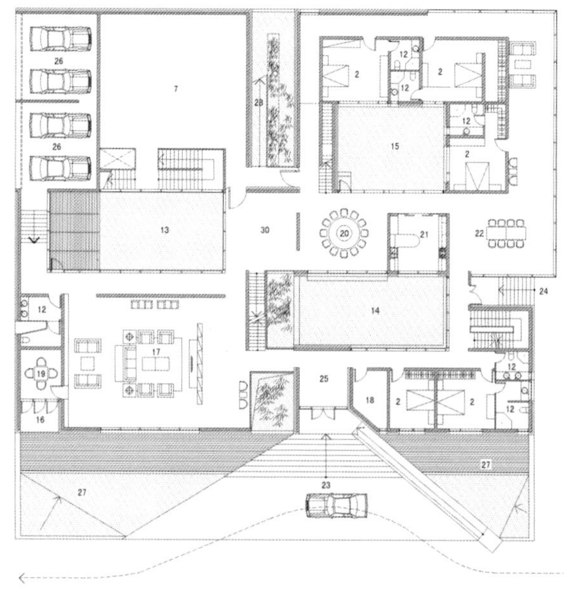

二层平面

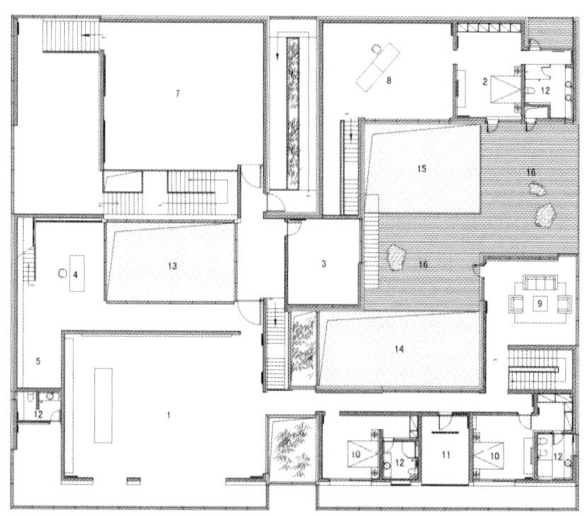

三层平面

1 画室
2 卧室
3 画库
4 书房
5 书库
6 纸库
7 展厅
8 画室
9 起居室
10 主卧
11 中堂
12 卫生间
13 书院
14 主院
15 山院
16 平台
17 客厅
18 监控
19 娱乐
20 正餐厅
21 厨房
22 家庭餐厅
23 主入口
24 次入口
25 玄关
26 车库
27 池园
28 坡道
29 储物
30 活动室

1 各层平面
2 建筑外观
3 功能分区图
4-5 建筑立面
6 功能分区及尺度图

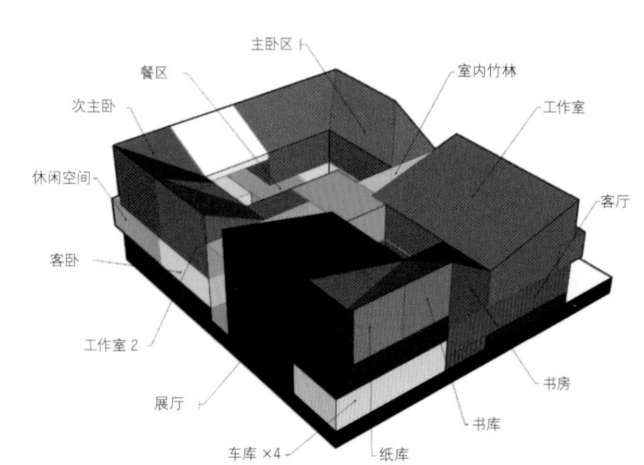

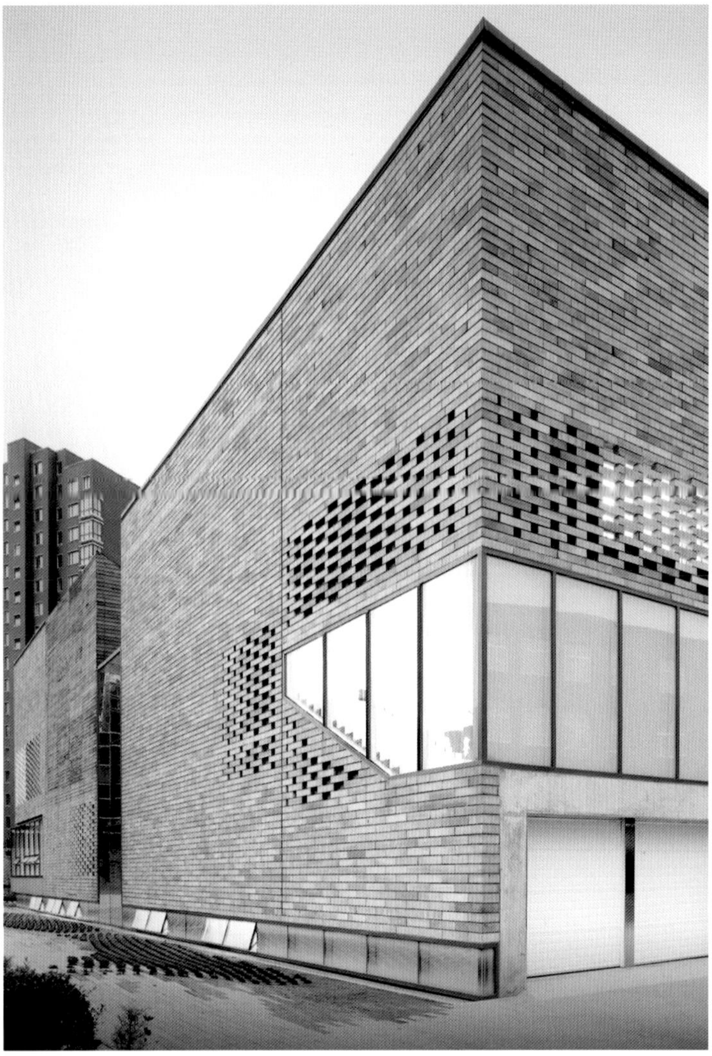

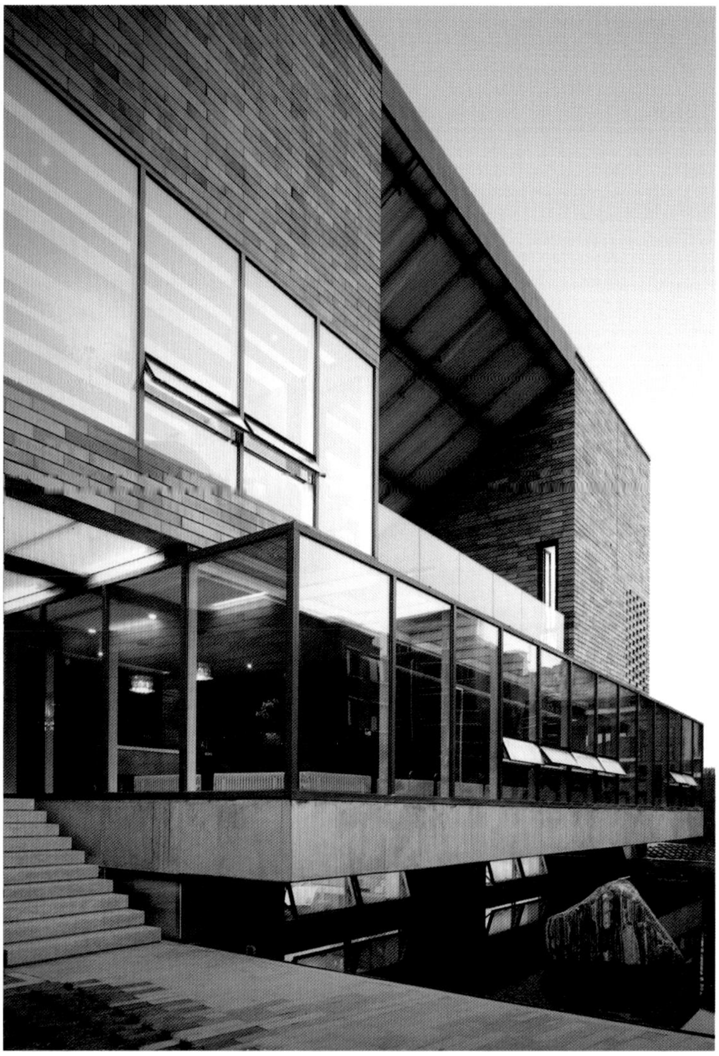

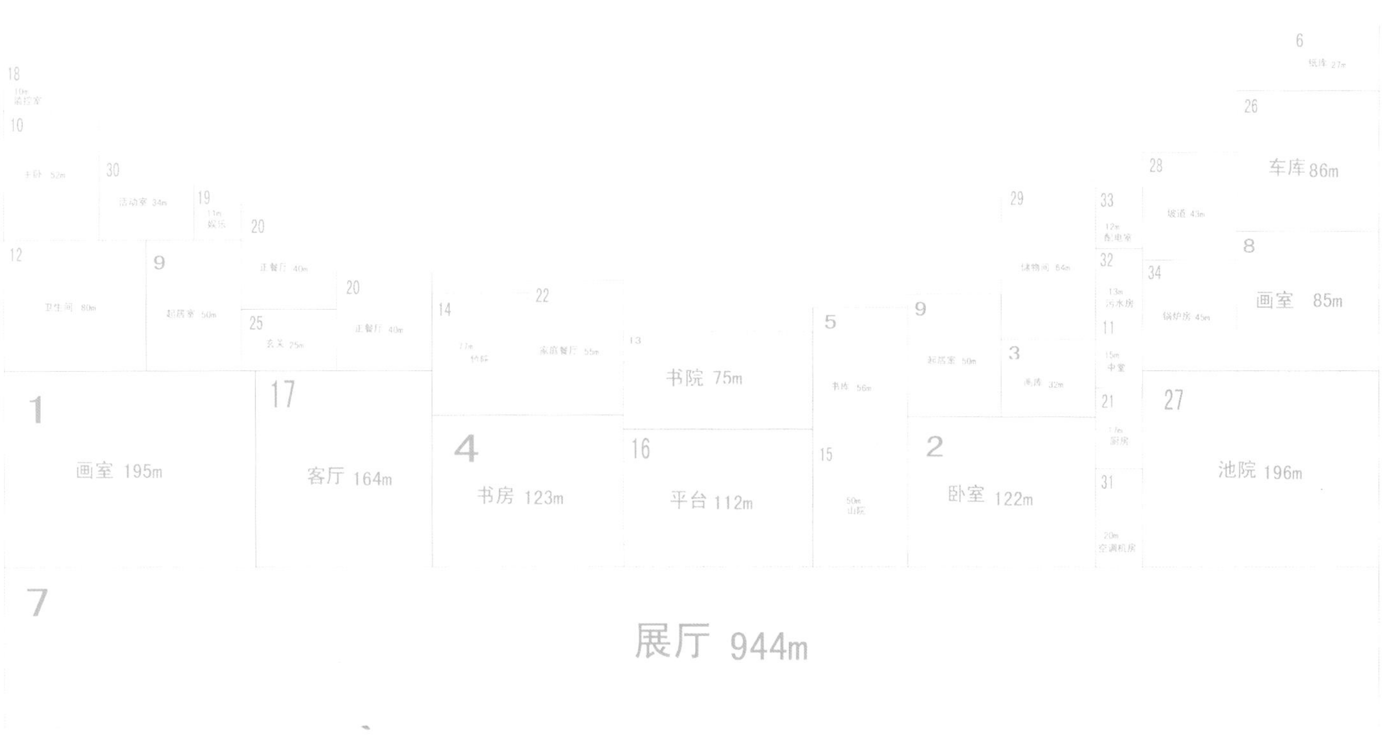


| | | | | | | | | | | | | | | | | | | | |
|---|---|---|---|---|---|---|---|---|---|---|---|---|---|---|---|---|---|---|---|
| 1 | 画室 | 195m² | 6 | 纸库 | 27m | 11 | 中堂 | 15m | 16 | 平台 | 112m | 21 | 厨房 | 17m | 26 | 车库 | 86m | 31 | 空调机房 | 20m |
| 2 | 卧室 | 122m² | 7 | 展厅 | 944m | 12 | 卫生间 | 80m | 17 | 客厅 | 164m | 22 | 家庭餐厅 | 55m | 27 | 池院 | 196m | 32 | 污水房 | 13m |
| 3 | 画库 | 32m | 8 | 画室 | 85m | 13 | 书院 | 75m | 18 | 监控室 | 10m | 23 | 主入口 | | 28 | 坡道 | 43m | 33 | 配电室 | 12m |
| 4 | 书房 | 123m | 9 | 起居室 | 50m | 14 | 竹院 | 77m | 19 | 娱乐 | 11m | 24 | 次入口 | | 29 | 储物间 | 64m | 34 | 锅炉房 | 45m |
| 5 | 书库 | 56m | 10 | 主卧 | 52m | 15 | 山院 | 50m | 20 | 正餐厅 | 40m | 25 | 玄关 | 25m | 30 | 活动室 | 34m | | | |

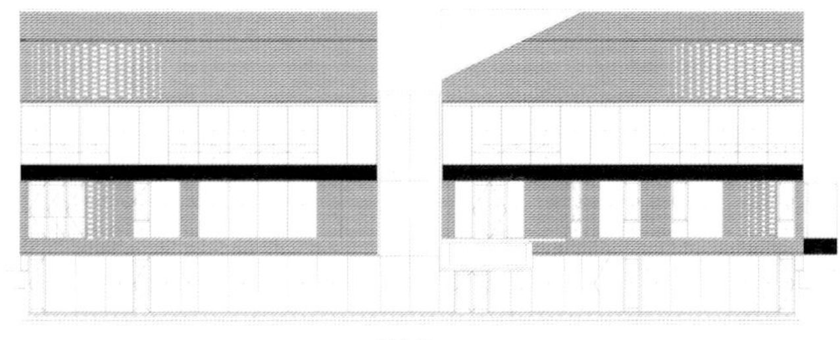
南立面

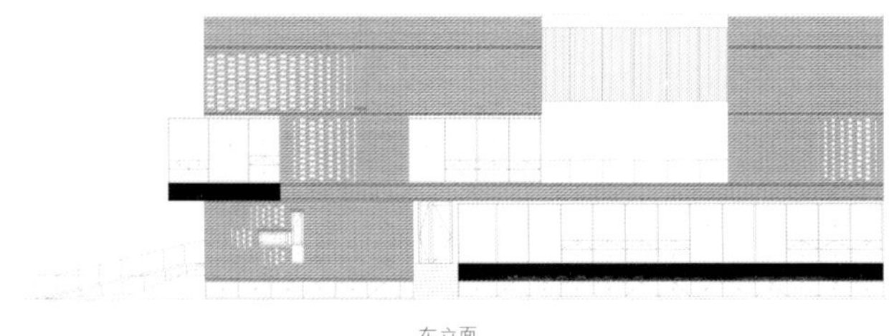
东立面

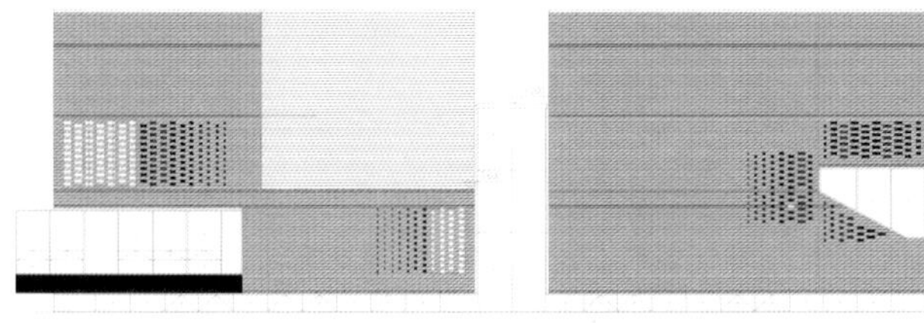
北立面

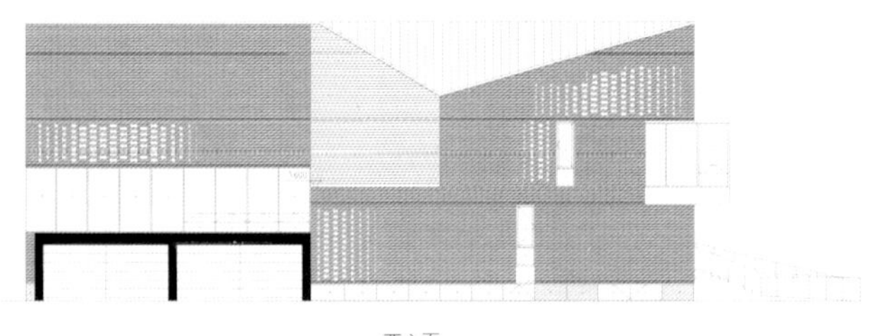
西立面

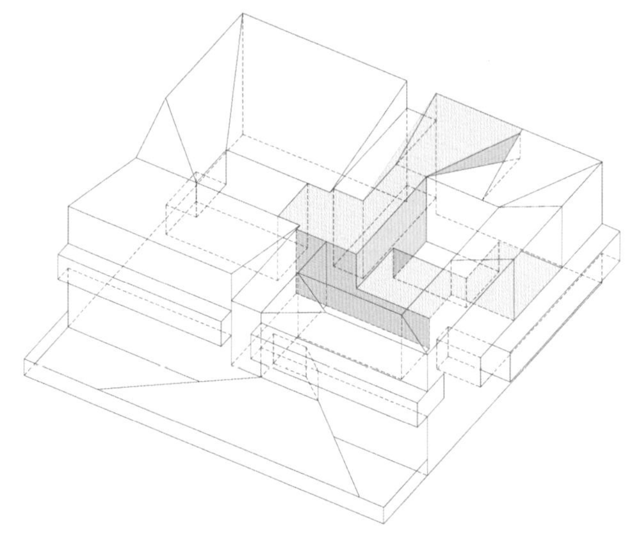

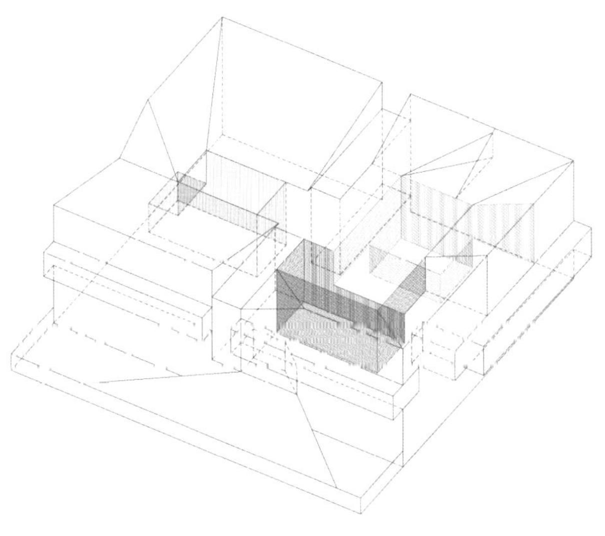

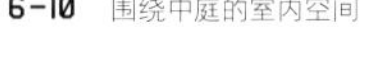

1 立面图
2 可上人木屋顶
3 木屋顶位置
4 建筑局部
5 中庭轴测图
6-10 围绕中庭的室内空间

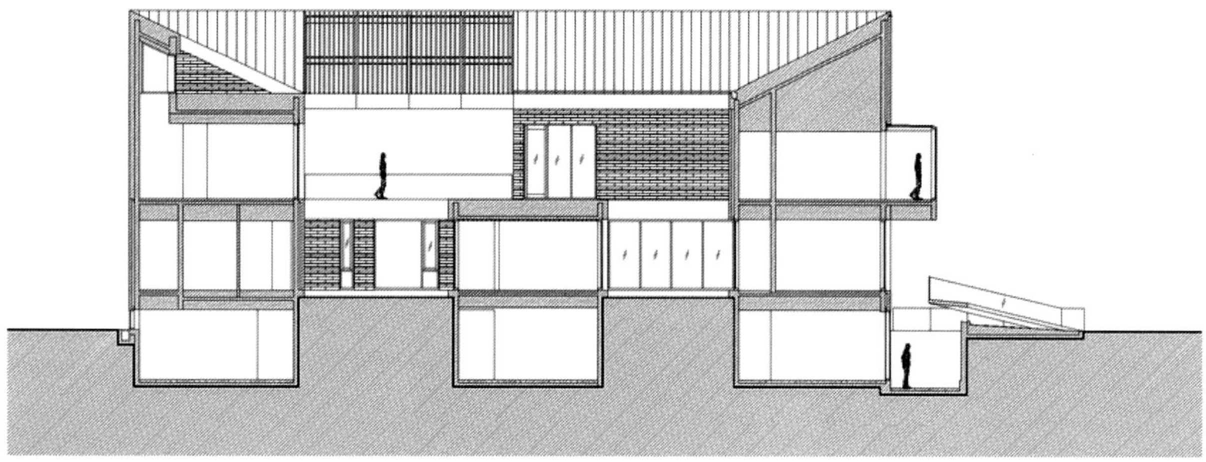

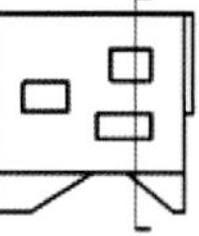

1 剖面图
2-3 室内与室外的交织与衔接
4-5 楼梯
6-7 室内不同材料的运用

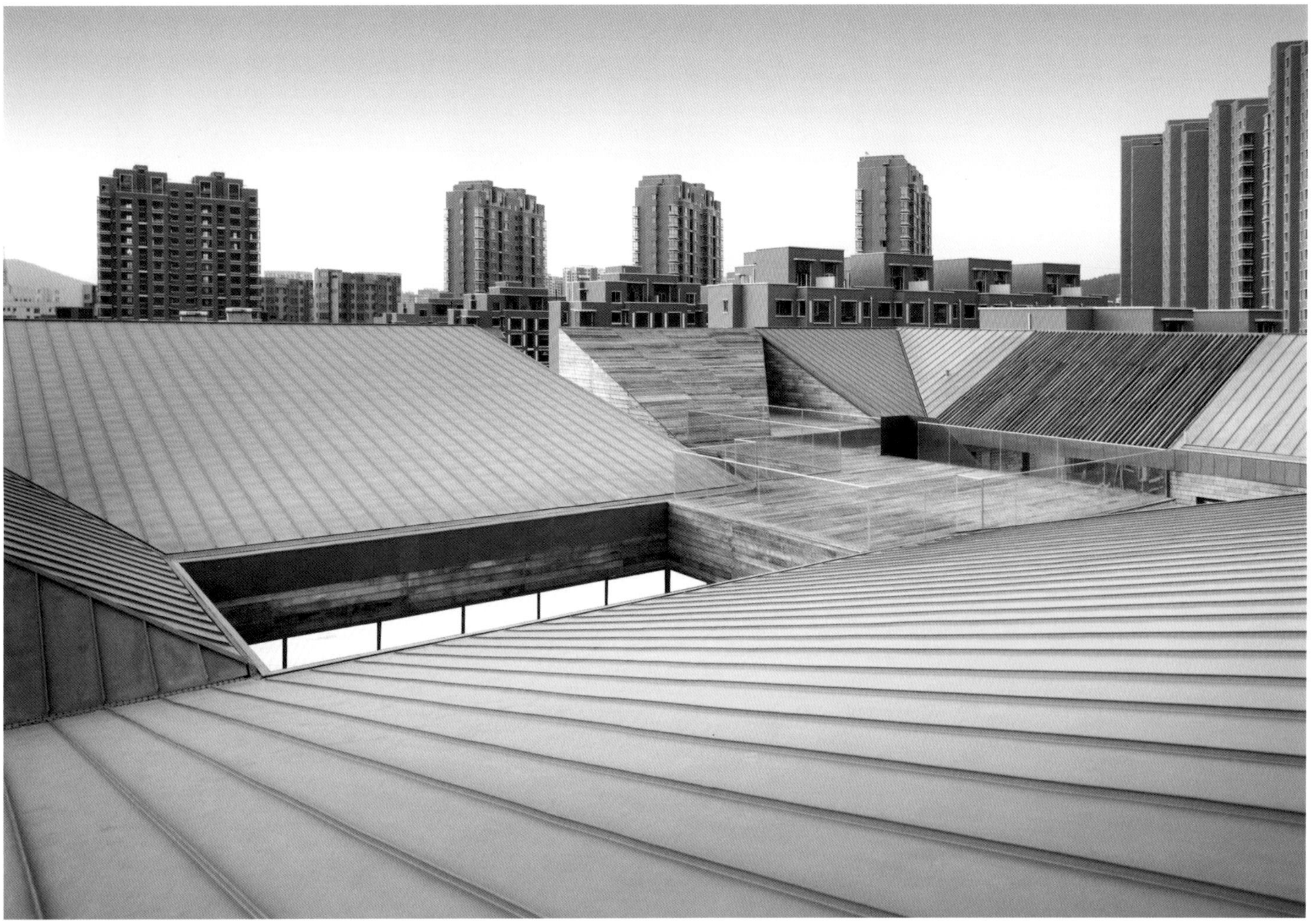

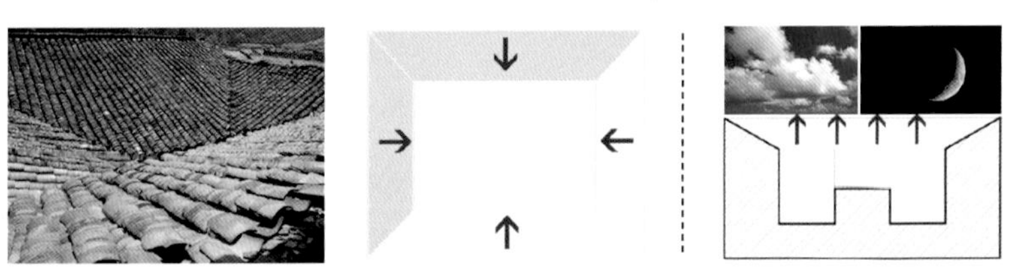

| 1<br>2<br>3 | 4 5<br><br>6 7 |
|---|---|

1 凹形屋面
2 凹形屋面分析图
3 材料混搭
4 庭院分布
5-7 庭院

# 悦·美术馆
# YUE ART GALLERY

资料提供 | 陶磊建筑工作室

| | |
|---|---|
| 地　点 | 中国北京798艺术区 |
| 面　积 | 1600m² |
| 设计内容 | 建筑改建 |
| 项目性质 | 美术馆+商业服务 |
| 结构设计 | 王庆海 |
| 设计时间 | 2010年10月～2011年8月 |

项目背景

该项目是一个位于北京798艺术核心区的美术馆，以其独特的空间方式加入到798众多的艺术机构的阵营之中。作为当代美术馆的配套，在这里，商业空间成为了美术馆不可或缺的一个重要部分。建筑的前身是一个典型的1980年代初建造的厂房，18m×48m空旷厂房的主体为预制屋架结构，它只是798工厂中普通的一个。在此基础上，使之改建成为一个以展览当代艺术为主的美术馆，原有的厂房早已终结了历史使命，作为标准化的并且普遍存在的厂房自身并无什么保留价值，在798艺术区的核心地段，却为当代艺术的展览带来了更多的便捷性。

构思特点

植入内衬：在原有的厂房结构框架下，重新植入了一个全新的空间体，该空间体为了其自身的完整性，并没有和原有厂房建筑的外壳发生不必要的关联，使其成为了老厂房全新的内衬，老厂房的外墙作为真实历史存在被毫无修饰地保留了下来，为了获得全新的建筑定义，封堵了原有的均置的外窗，新的红砖被填补到旧的红砖墙体中，形成了新的质感，承载了真实的时间厚度，纯白色的建筑内衬与旧厂房的外墙形成了鲜明的对比关系，使其从建筑的内部焕发出新的生命力。这是一股沉默在798的内在力量。

互反空间：在这个12m高的厂房空间里，为了展览空间的最大化，商业服务空间被插入了展览空间中，并将商业空间体反映到外墙的窗洞上，筒状的商业空间体透过与其相对应的外墙窗洞与室外空间形成的贯通的整体。自由插入的商业空间与展览空间形成了互反空间，对于展览空间而言，商业空间成了它的外部空间，而对于插入展览空间的商业空间而言，展览空间也成为了它的外部空间。它们互为反正，形成了相互生长在一起但又清晰界定的空间体系。展览空间在保留了场地和视野的最大化的同时，产生了更具戏剧效果的丰富性，观众可以穿行于商业体之间，到达不同空间水平层面，在这个基座只有900㎡的旧厂房里，形成了可游走的山水空间意境。商业空间被完整地融入了展览空间体之中，透过渐透的筒状空间，感受着艺术的氛围。

渐透的筒状空间：这个全新的内衬整体被设计成纯白色，为了给未来的各种艺术展留有更多表现力，同时这种纯白色更好地体现了建筑空间本身的特质，但这并不能满足全部的需求，在商业与艺术展览被明确界定的同时，也隔绝了两种不同属性空间的对话与交流，在白色的基础上，把商业空间的外壁设计成渐变的孔洞，这种渐变的孔洞使得商业体的筒状空间实体逐渐透明起来，使得商业空间与艺术空间的交流成为了可能，同时，这种渐透的交流也最小地干扰了艺术展览的纯粹性，原有的由白色墙壁围合的空间实体有了半透的新的材质感，观者在不同空间的隐约的活动影像中相互感受着不同。

作品意义

在建造新的世界的同时，尊重历史的真实存在。作为798的改建建筑，它自身已充满了特殊性，也使得该建筑必然要用特殊策略与特殊的态度去对待，798已不再是过去的电子工厂，作为国际著名的艺术区，它需要更多的活力。该建筑不只是对老厂房的简单的再利用，它还带有某种强烈的文化属性，试图将前卫、时尚与这个老旧的厂房联系在一起，相互映衬，这并不意味着旧建筑功能的终结与新建筑功能的建立之间产生矛盾，设计以此表明对旧建筑改造的坦然的态度，尊重现实的历史的同时，带来新的活力。旧的建筑改造不但没有阻碍时尚与前卫步伐，反而给新的建筑带来更多的可读性与历史的温存。END

SURREALIST SURREALIST SURREALIST
POP
悦·美术馆 开幕展
流动艺术 超现实波普
2011.7.30-8.15

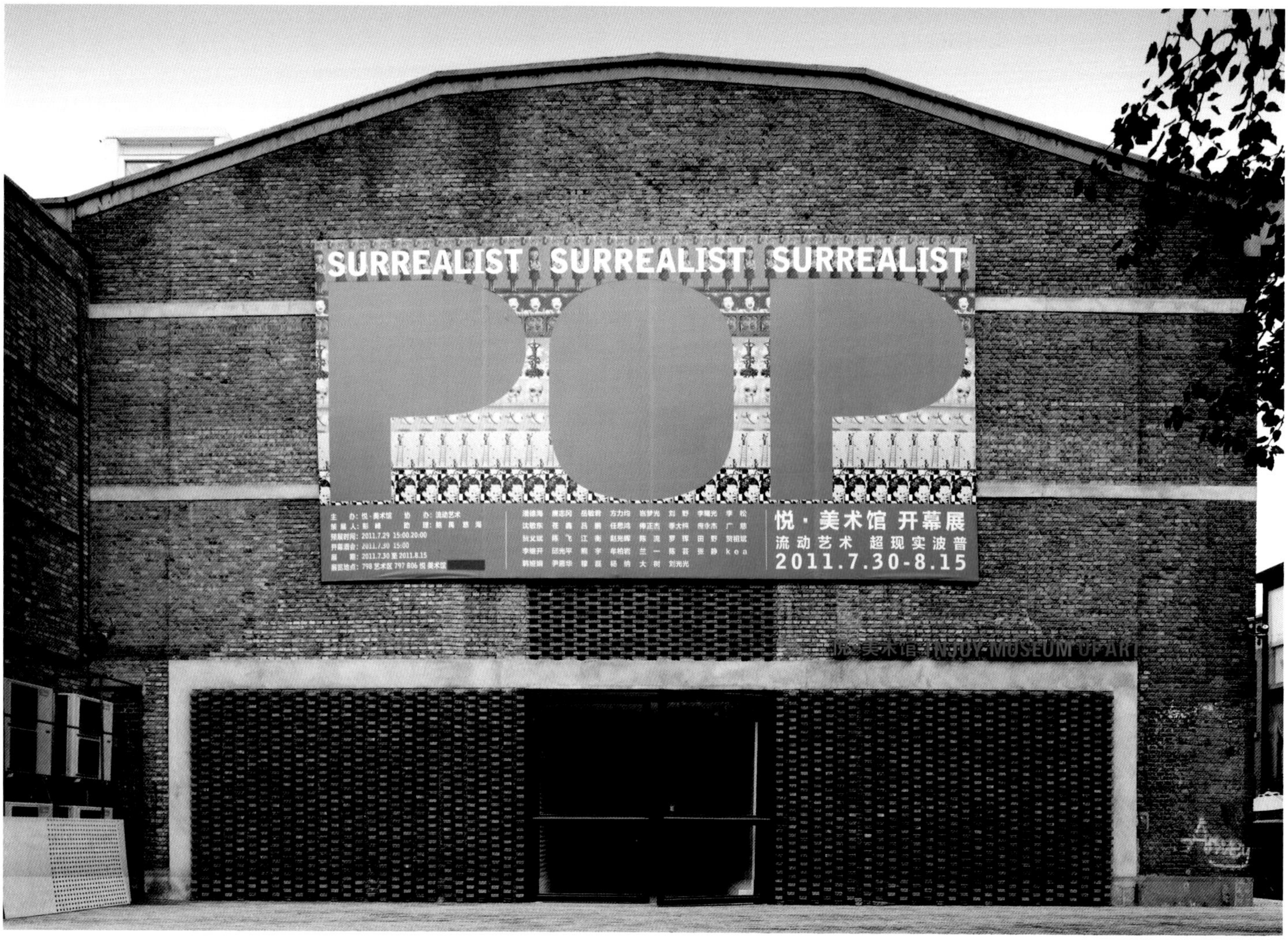

1-2 模型
3 外立面

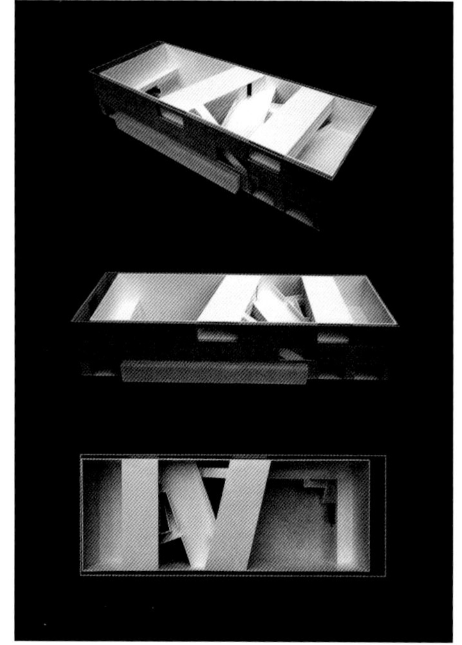

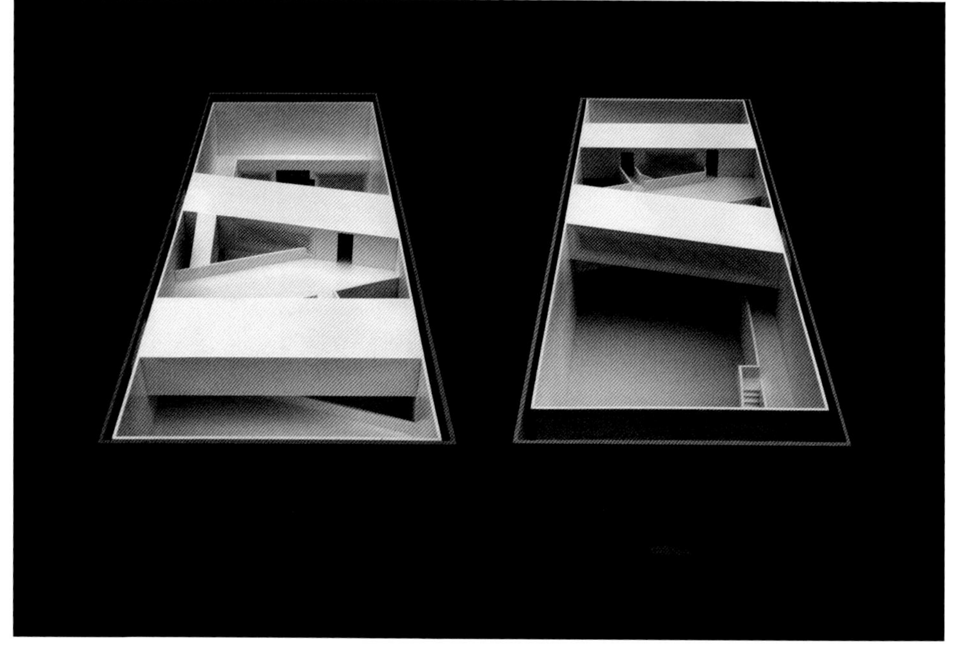

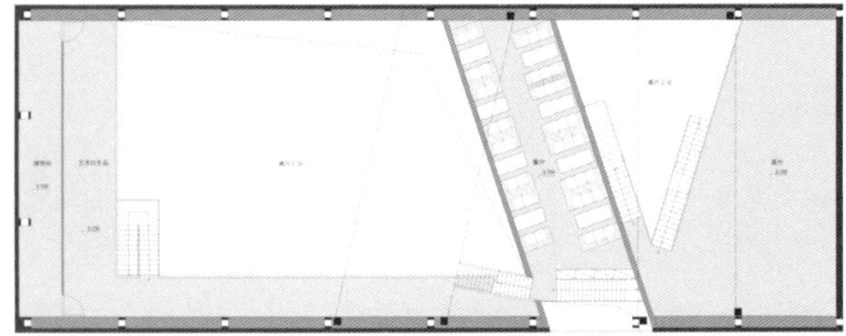

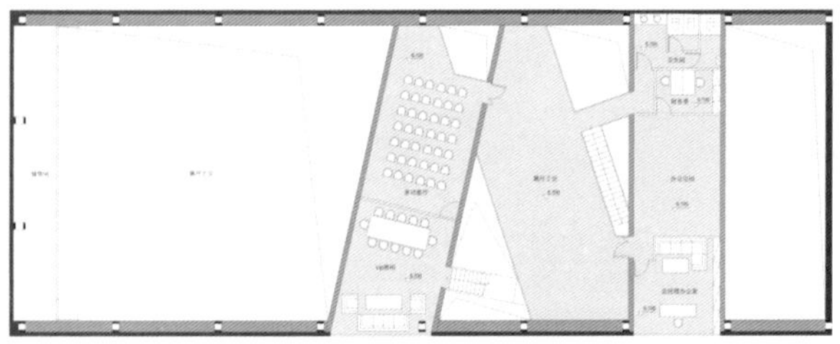

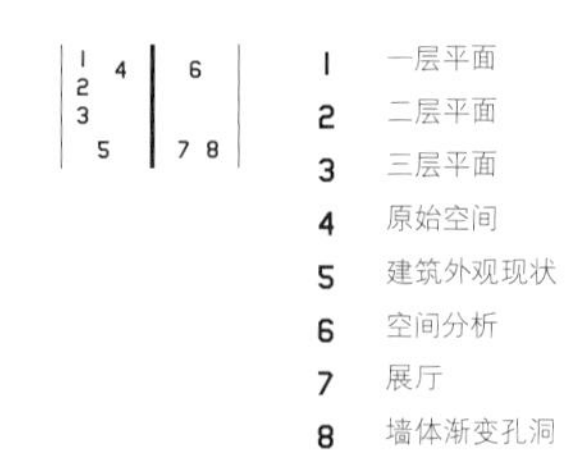

1 一层平面
2 二层平面
3 三层平面
4 原始空间
5 建筑外观现状
6 空间分析
7 展厅
8 墙体渐变孔洞

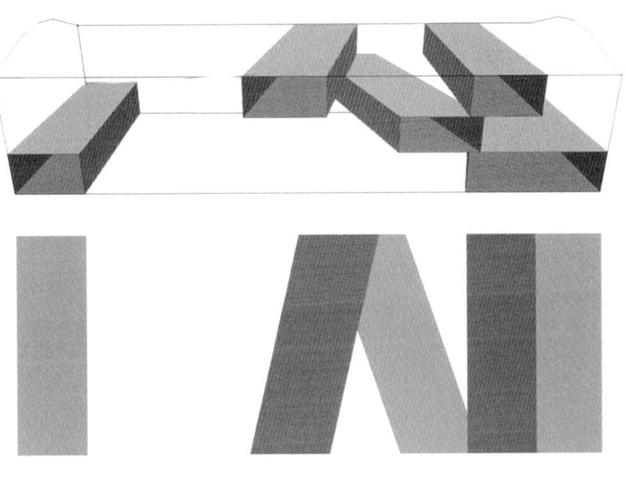

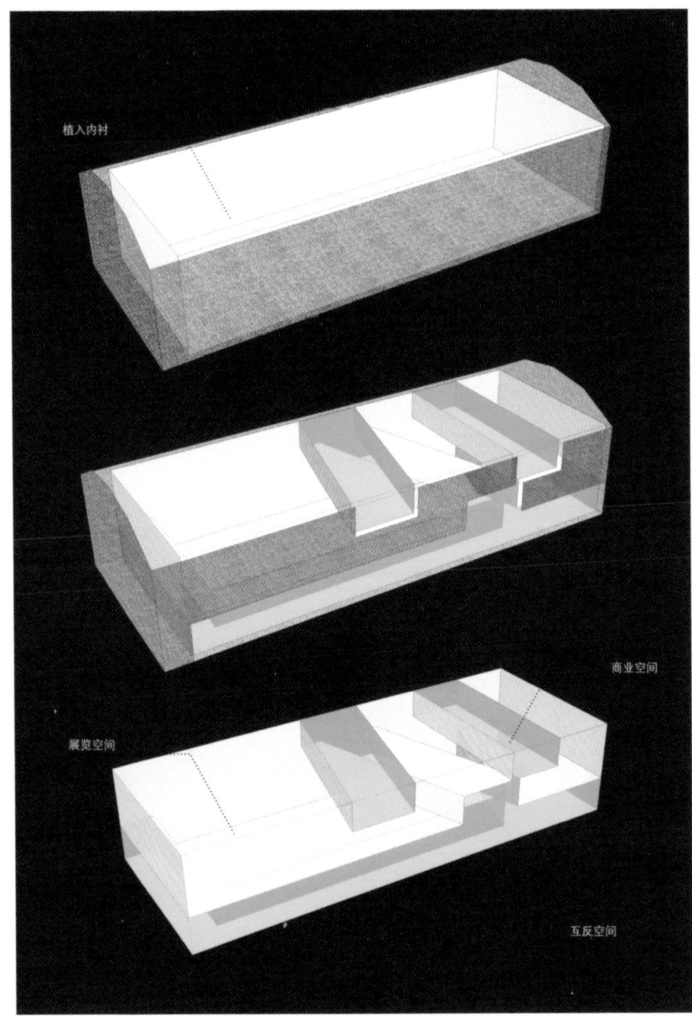
植入内衬
商业空间
展览空间
互反空间

1 | 2 3 / 4 5 6

1　纯白色空间为展示各种艺术形式留出更多表现力
2-3　楼梯
4　休息区
5-6　空间中的人的活动

# 余霖：直白而激扬的青春

采 访 | 姚远

余霖

1999~2002 福建师范大学艺术学院
2003 中央美术学院建筑环境专业进修
2004 加入东仓集团
现任创作总监与技术运营总监
东仓建设董事合伙人

**ID** =《室内设计师》

**ID** 您当初选择室内设计专业的初衷是什么？那时您对这个职业的想像是怎样的？

**余霖** 家族背景是做纯艺术的，但根据从小的观察觉得纯艺术的状态很尴尬，因此毫不犹豫地选择更为理性与现实的商业设计，但在1999年那个时间段我喜爱的建筑专业并没太多的机会去学习，因此选择了室内设计。那个时候对这个职业没有太多想像，只是觉得建筑做的是外部定义，室内做的是内部定义，除了尺度不同外，设计方法与思路上并无截然不同之处。还蛮欣欣然的。至今我也如此认为。

**ID** 可否谈谈您在福建师范学院就读本科时的情形？我们了解到您当时参与了很多实践活动，这在同学中较为普遍还是比较特殊？您对参与实践是怎样考虑的？更注重今后的就业还是个人当前的兴趣？

**余霖** 专业一直很好，这件事成为我个人自我炫耀并努力保持的习惯。因此，老师会给我很多实践机会，相对其他同学而言，我在专业路径的控制上似乎早熟了些。

当时参与实践并没太多考虑，我的入门老师是学校中以严格出名的人，我很喜欢他的这种个人标签，因此想努力成为他最出色的学生。至今也希望我可以不让他失望。

我从一开始学习室内设计起就暗下决心：愉悦的工作生涯就一定要靠兴趣混饭吃，因此一定要把兴趣提炼再提炼，要让兴趣发光。就业，从来没认为它是个问题。

**ID** 请谈谈您在中央美术学院进修的经历以及收获。

**余霖** 我其实在选择央美考研前考察了同济，清华美院（原中央工艺美术学院），最后才是央美。一圈考察后我发觉很尴尬的情况：国内一流院校里的专业素质其实与我在本科接触的社会设计市场有很大距离。后来想明白的原因是：师资的问题。在一个发展不过20年的行业，师资其实存在相对脱节的情况，尤其是室内专业。建筑相对好些。当时曾拜入陆志城先生门下，在他的方镜环艺工作学习了一年也就是备考前后，后来接触了央美的王铁老师。他们都给我很多照顾。专业高分，英语未达标与央美的王铁老师失之交臂，但同年发生的一个事件让我还蛮开心的：陈丹青老师辞职，由于他指导的考研学生发生与我一样的情况——专业高分英语低分被拒入校门。

**ID** 请结合您个人的感悟为当今的室内设计专业学子介绍一些求学经验。

**余霖** 针对室内设计行业的专业学子我强烈推荐一种学习路线：

1. 本科争取进入一线城市的专业设计院校。选择好你的城市平台，这将会是影响你20年的选择。

2. 大一大二打好专业基础接触些建筑学的外围知识，大三大四一定毫不犹豫进行社会实践。选择当地城市里的一二流设计公司，争取多与一流设计师学习交流。了解设计到底是干什么。

3. 大学毕业后选择喜欢的设计师与公司，去工作！而不是实践或学习。培养商业意识与商业敏锐度。这个时间段至少5年。

4. 你拥有了加上学校实践期不低于7年的社会经验，这时，选择一所国外院校，推荐英国或德国。去研究学习人文、历史、设计创新、设计管理等专业，别去国外学习设计本专业，与在中国这片土壤上的设计实践相比，那是浪费时间。两年的关联专业研究生学习与国外生活将帮助你培养辩识思考能力，学会如何宏观地看待问题，并将内心的情怀放大。这些，都是对设计最重要的事。

5. 回国，回到你热爱的城市，认真寻找合作伙伴，开始建立自己的事业版图。这时不要把眼光限制在是否开自己的独立工作室或公司这个层面。你已经有足够的能量去打拼一份事业，去为一个行业做贡献。此后建树高低，方法各异。

**ID** 您是否有过很多年轻设计师那样频繁跳槽的经历？我们看到您从2004年起就一直在东仓工作，而在读书时您似乎就已经参与东仓的设计工作了，您对自己的职业生涯是怎样考虑的？是开始就有明确的计划还是随着经历的增长想法有过发展变化？

**余霖** 目标明确，选择谨慎，观察范围广。这是我个人的特点。因此我的路径呼应这样的特点去设计，没有太多纠结。的确在读书时就与东仓发生工作上的接触。在后来漫长的时间里，这个平台培养了我，而我也尽可能地去培养这个平台。

职业生涯里，一开始我希望成为一名卓越的设计师。后来我希望成为一名完美的总监。再后来我希望扶植一个平台的稳定成长。现在依然在这个阶段，并认为这是能为行业留下的最好的贡献。

**ID** 您做设计所秉持的宗旨是怎样的？或者说您的设计理念如何？

**余霖** 我不太敢过早地谈及宗旨，但设计理念我个人认为可以作为观点端出来讨论的是：目的最重要。一个作品、一个项目要完成什么目的，这是设计行为所围绕的核心。到底是要人性化，还是实用，还是文艺范，还是惊世骇俗，都基于这个项目的建设目的，而不是设计师个体的所谓“风格与理想”之类。除了目的之外，第二个重要的是资源。完成一个项目甲方所拥有的资源（人力物力财力），配置这种资源的比例，计划与意识，这决定了项日成败。这两点是我在任何项目工作中必须花长时间与甲方探讨直至达成一致的重点。

**ID** 您曾经撰文探讨过“中式的东方”和“日式的东方”，而您的设计也充分传达出对设计本土化的思考，为什么会对此加以关注？毕竟在人们的普遍观念中，“80后”的一代生活在更为现代化和全球化的氛围中，似乎对传统缺乏了解。

**余霖** 很有意思，恰恰是因为“对传统缺乏了解”的呼声太高。但是我认为，“对传统缺乏了解”是一种现象。为什么这种现象会存在，这里面有一定的必然性。人们似乎忽略了“体验”与“了解”的必然关联。是要去强迫一个“80后”、“90后”了解和接受一个景泰蓝花瓶？还是利用这种工艺去诠释当下的精神，让“体验”成为一种被对象主动接受、喜欢、热衷的行为？这是两种不同的方向。我坚定地认为后一种才是王道。

**ID** 室内设计行业的繁荣主要还是近十年间的事情，早一辈的成名设计师中以港台设计师居多，而年轻一代中大陆的设计师已经开始暂露头角，请谈谈根据您的观察，如今活跃在设计前沿的“70后”、“80后”设计师的特性？

**余霖** 回答这个问题我必须把自己放到外界来保持客观。另外，这是个宏观的答案，不能以个体而论。

1970年代的设计师对市场有很强的协调性和妥协性。他们都是经验论者。他们的作品在与时俱进的同时，优点主要体现在成熟度上。因为成长过程与受教育的过程非常复杂，社会教育是他们接受的主要教育（无论任何院校背景出身的人都一样）。1980年代的设计师身上相对存在一些“单纯”，理性，方法论者，但这种理性与方法论来自与国际范畴的视野与咨讯，而不来自于周围的社会。因此这是种比较理想主义的状态，要磨练。同时，他们更自我，直白，更激烈，极端。他们的作品优点是可能性非常强，张力大。但矛盾的是这点有时候是缺点。他们的成长过程与教育过程相对单纯很多，与社会关系存在很强的抗争性质。会很辛苦。

1970年代的设计师肩负的历史使命是“立”但1980年代的设计师身上的历史使命是是“破”。

**ID** 设计师算是一个较为大器晚成的职业，而作为一名堪称年少有为的设计师，您怎样看待“成名”这件事？

**余霖** 成名？这个词后面我会永远带个问号。设计师没有“名”，只有“作品”。这是设计师这个职业的唯一的“语言”。每个真正“成名”的设计师，他们留给社会真正有价值的都是作品，不是他们的名字。

我个人不太关心这个词汇。因此没有任何影响。

**ID** 曾有人认为设计师的成功更多地依靠沟通能力而非设计能力，您如何看待这个问题？

**余霖** 没有一个设计能力真正强的人沟通能力会差。除非有生理缺陷。在设计师中，永远不会出现沟通能力强过设计能力的人，这两种能力是均质的。要注意“忽悠”和“沟通”的区别。

**ID** 请谈谈您如何看待当前大陆设计师面临的来自海外同行的竞争压力？应对于竞争环境，您觉得青年设计师应如何提升个人修养，提高设计水平？

**余霖** 我个人一直没太看好海外同行的竞争力。他们的优势是“体制”。但他们的“体制”却无法很好地服务于这片未来最大的设计市场——中国。因此，他们的优势仅仅存在与他们的海外市场。因为那个市场呼应了那样的“体制”。在我们的国度里，设计师已然被复杂的市场情况锻炼到金刚不坏。当然会面临阶段性的海外设计力量冲击，但海外设计的体制优势同样会慢慢受到中国巨大的设计市场与设计力量的压制。因为力的作用是相互的，他们不了解：中国设计业的学习能力与应变能力实在是太强了。

我感觉提升个人修养和设计水平的最好方式就是：任何对你有所触动的事物都问“为什么”。培养将“感受”量化的能力。这是一种强大综合的辩识能力。

**ID** 请谈谈您对未来的设想。

**余霖** 开心地去做以下几件事：1.做几个自己都喊好的作品。2.努力把东仓建设打造成规模化的设计平台，让它去帮助更多设计师实现理想。3.深造人文材料学。END

# 金一满堂产品会所

资料提供 | 东仓建设集团有限公司

| | |
|---|---|
| 地　点 | 江苏省常州市 |
| 面　积 | 3000m² |
| 业　主 | 金一集团 |
| 主设计师 | 余霖 |
| 参与设计 | 李杰智、刘健、杨峰等 |
| 项目类别 | 综合类型（公共空间/文教机构/会所/餐饮娱乐） |

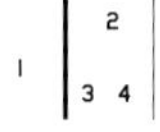

1　交错的线条
2　有序的结构
3　平面图
4　俯视空间

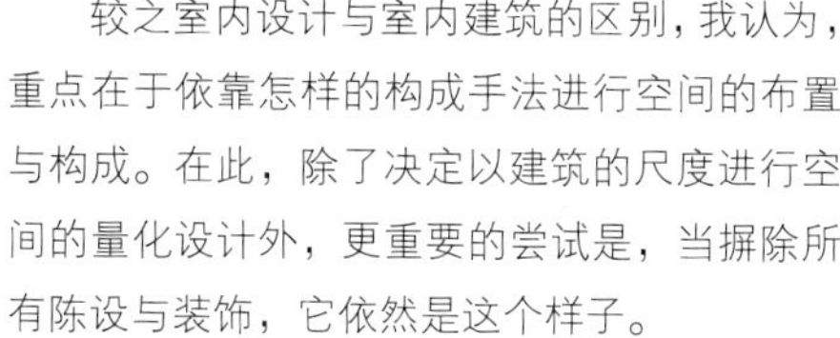

较之室内设计与室内建筑的区别，我认为，重点在于依靠怎样的构成手法进行空间的布置与构成。在此，除了决定以建筑的尺度进行空间的量化设计外，更重要的尝试是，当摒除所有陈设与装饰，它依然是这个样子。

因此，在对光线与供人行走停住的实体进行组合与设计外。我什么都不做。END

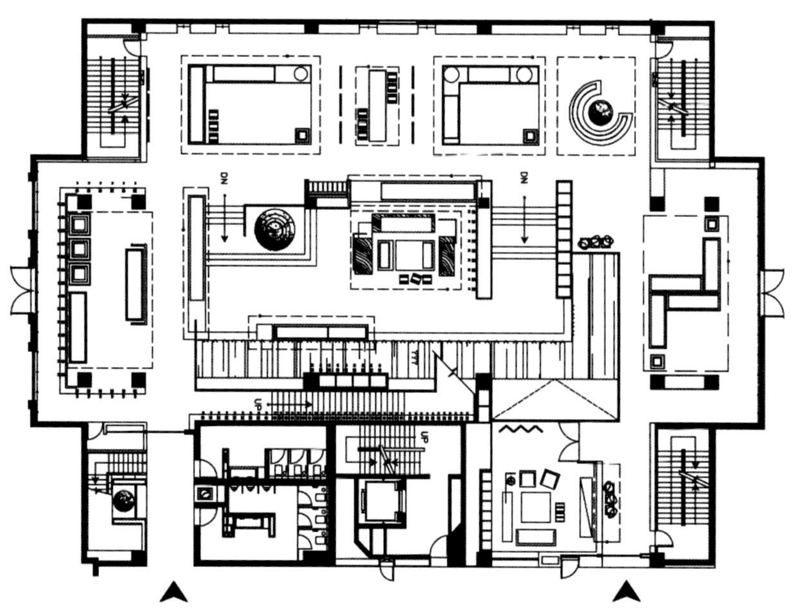

# 醉观园东仓建设企业总部

资料提供 | 东仓建设集团有限公司

地　点 | 中国广州荔湾区芳村大道中275号之一（醉观公园内）
面　积 | 1200m²
设　计 | 东仓建设（集体创作）

高姿态的亲和在于感受的排他性
小众产品
小众感受
小众作为高姿态群体的存在
他们的荣誉感基于大众的议论纷纷及模糊识别
当然还是仰视
而亲和这件事，其重点在于软体
所以
在公园办公

我们在一座公署里找到了办公场所。多么完美的一件事。但是，公园内的原建筑与建筑周边的小庭院太过老旧与简陋。于是我们对此进行了修缮与重新设计。你们将看到的这个建筑平面基础格局怪异。而我们花了极大的精力才将此改造为适合我们现在使用的空间。

墙面的马克笔装置是灵机一动的结果．由于时间与费用都十分局促．因此，我们用了最直白的方式来进行这个装置的制作与设计．它位于一个墙面的一排天窗下，阳光总是洒在上面投下美丽的影子．当我们在吧台上设计时，这个装置给我们提供了极大的便利。

经过我们的设计，我们拥有了一个完美的内部庭院，员工们在此休闲，聊天，看书，BBQ……我们养了一只狗，它才是这里的主人．它叫NONO。 END

1 | 2 3 / 4

1-3 外观
4 水景

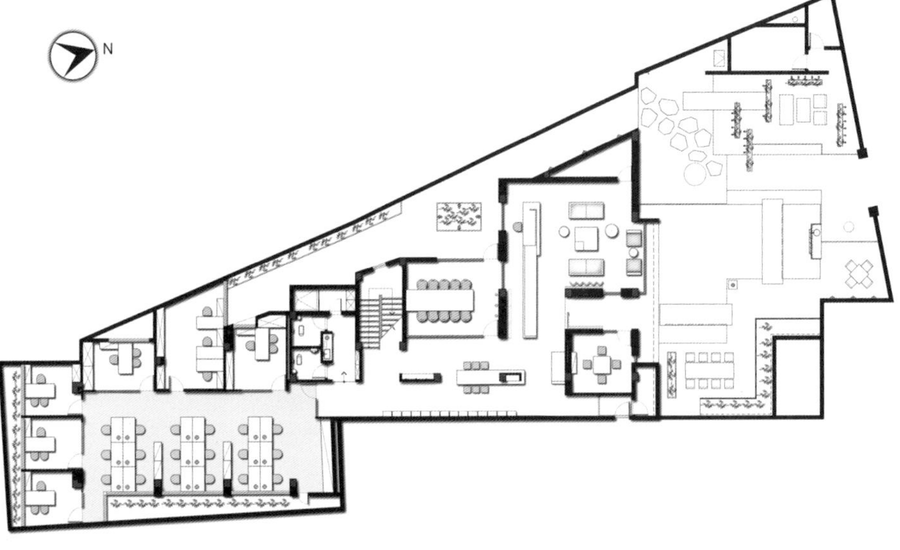
N

1 平面图
2 过道
3 走廊
4 室内一角
5 通透空间
6-7 吧台
8 多彩而富有趣味的软装
9 会客区

# 审美与道德

撰 文 | 叶铮

## 一、美是灵魂的真实写照

### 1-1. 美是灵魂的显现形式

生活中，我们发现着美、欣赏着美、创造着美……不论是艺术家、设计师，抑或是普通的爱美者。

对于审美，我们喜爱什么，讨厌什么，都是内心深处的自然流露，是灵魂的真实显现。

因此，对美的评判，因人而异，各不相同。因为，美反映了人格品性，反映了灵魂的潜意识表现。

如此情况，我们随处可见。如：生活中，不同的装扮反映出不同的品位……旅途中，不同的人面对同一美景，则可能持有全然不同的态度。这反映出各自不同的内心世界与精神禀赋。

又如：设计师对不同表现风格与形式的追求，反映出设计者不同的人生品格……好比不同的绘画艺术，直接表达出不同画者的趣味品性……

同样，不同需求的场所环境，亦需相应的设计样式相匹配，即“场所精神”的表现。如此事例，不胜枚举……

17 世纪英国著名艺术评论家约翰·罗斯金在《建筑的七盏明灯》中曾指出：“建筑美不仅是个美学问题，更是一个道德问题”。

由此可见，审美是表，道德为本。美是灵魂的表现形式。

### 1-2. 审美体验的真实性

在审美面前，人人都显得真诚、真实，这是审美的一大特征。

由于审美体验，是潜藏在每个人内心深处的一种生命体验，因此自然本能的表露，将成为审美真实的反映。

人，能包装自己，欺骗他人；人，能讲假话，办违心事……但，只有对审美爱好的选择与体验，人们假不了，他（她）一定是发自内心的喜好，是真实的选择。

审美的可敬可畏，就在于它超越人类的理性判断，真实地显现出每个人的灵魂品格。因此，对人的认识与鉴别，完全可由审美层次的鉴别入手，恰如“验血型”一般，真实可靠。

### 1-3. 创造与欣赏、输出与输入

对于创造美的人而言，人品决定着他（她）作品的格调与品质，这是输出。

对于接受（欣赏）美的人而言，人品决定着他（她）对何感兴趣，这是输入。

输出与输入，即创造与欣赏，也需要同处一个境界，方能相互沟通与理解，就好比频道波段对接。输入者遇到适合的审美品格，如同唤醒沉睡在内心深处的种子，使之发芽成长。

如果输出与输入，不在同一个频道波段，那就无法进行欣赏沟通。所谓的“对牛弹琴”正是这样。

恰恰是因为不同的精神禀赋，造就出各自不同的内心世界。而不同的内心世界又反映出不同的审美喜好。“品”成为联系先天禀赋与后天喜好的纽带。

输出什么，由“品”决定。

输入什么，也由“品”决定。

看一个人是如此，看一群人也是如此，看一个社会、一个时代，更是如此。

**愉悦**

图 1　舞动的墙面造型，拼块的界面设计，构成空间的主题性装饰。产生愉悦的审美体验

图 2　办公空间中采用亮艳的平行色带进行装饰，给以人愉悦的审美体验

图 3　包装的审美功能，便是愉悦

图1

图2

图3

# 二、审美境界与人格品性

## 2-1. 审美八大境界

审美表象，千变万化。但按其审美品性的境界来看，可归纳为八大审美境界。见审美与品性图示表。图表将审美总体分为两大范畴，以 ±0.000 线为分界线。分界线以上为美的世界，共分为四层境界。由低至高递升，分别为“愉悦”、“优雅”、“诗意”、“神圣”四个层次。分界线以下为丑的世界，也分为四层境界。由浅至深递增，分别为“平庸”、“矫饰”、“恶俗”、“恶心”四个层次。

审美与品性图示表

| 层次 | | 审美境界 | 体验状态 | 生命等级 | 人格品性 | 分层界线 |
|---|---|---|---|---|---|---|
| | | | | 神 | | |
| 4 | 美的范畴 | 神圣 ⇒ | 心灵 | 圣人 | 神性 伟大 无我 | 高尚的灵魂 |
| 3 | | 诗意 ⇒ | 情感 | 贤哲 | 崇高 丰富 超凡 | |
| | | | | | | 物心分界线 |
| 2 | | 优雅 ⇒ | 理智 | 君子智者 | 高贵 理性 涵养 | 正义的能人 |
| 1 | | 愉悦 ⇒ | 感官 | 凡人（雅人） | 善良 聪颖 浅薄 | |
| | | | | | | 善恶分界线 |
| -1 | 丑的范畴 | 平庸 ⇒ | 感官 | 凡人（庸人） | 无明 愚钝 麻木 | 差劲的人 |
| -2 | | 矫饰 ⇒ | 理智 | 小人伪君子 | 卑劣 伪善 做作 | |
| | | | | | | 次恶分界线 |
| -3 | | 恶俗 ⇒ | 情感 | 恶鬼 | 贪婪 投机 黑心 | 邪恶的魔鬼 |
| -4 | | 恶心 ⇒ | 心灵 | 魔鬼 | 无耻 畸形 魔性 | |
| | | | | 魔 | | |

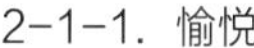

### 2-1-1. 愉悦

愉悦，层次（1）。就是通常所指的漂亮、好看、有趣……能吸引人，使人得到快感，具有赏心悦目的功能。如此审美境界，是纯视觉感官上的体验，也是我们最为常见的审美表现。其跨度之广，可从日常生活的妆扮点缀，到惊艳旷世的大家之作。一般而言，此类审美一般通过装饰性语言来呈现，并由具体之“物”为媒介。

所对应的人格品性是：善良、聪颖、浅薄……

### 2-1-2. 优雅

优雅，层次（2）。由纯感官的愉悦上升到理性的层面，在美丽中更见智慧，显示出高雅而有涵养的气质。那份理性的呈现，体现出一种对美的世界的探究和洞悉，是专业智慧的积累，是审美规律的揭示。比如：“黄金分割”、“空间秩序”、“抽象关系”、“消解与粒子”等等原理。这样的积累，构成了专业的历史，更多的揭示，仍在未知的发现与创造中，如同美学领域的科学家那般。而如此在智性基础上所洋溢的优雅，亦同样千姿百态：或舒缓、或伟大、或高贵、或矜持、或纤柔……

不论古往今来，优雅都是文人雅仕所推崇的审美情结，更是美之奥秘的真理显示。

所对应的人格品性是：高贵、理性、涵养……

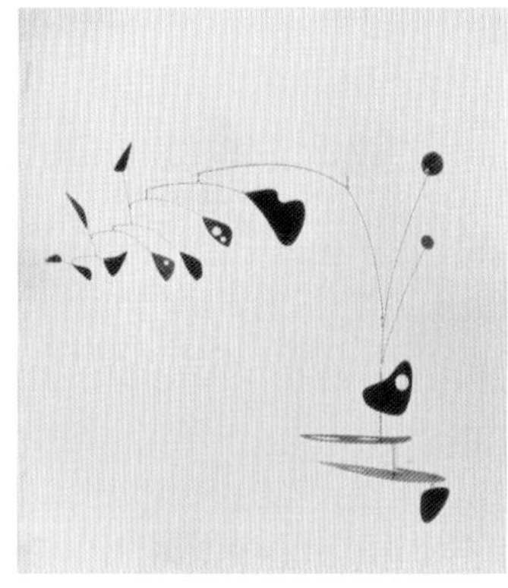

图4

图5

**优雅**

图 4　考尔德，美国现代主义雕塑家。其作品无限优雅、无限智慧，深受世界各地建筑大师们的青睐

图 5　季裕棠，著名美国（华人）室内设计师。其作品始终透露着优雅、恬静的气质

图 6　日本建筑师的理性，最终体显在空间比例关系与层次的优雅关系上

图 7　理性的空间秩序，构成空间的抽象组织关系，给人以优雅的感受

图 8　优雅的极致，简单的丰富。体现设计师对空间关系高度的领悟能力

图 9　加拿大著名室内设计师雅布，禀承现代主义的理性美学观，同当代时尚手法相结合

图6

图7

图8

图9

图10

图11

## 2-1-3. 诗意

诗意，层次（3）。什么是诗意，就是面对自然，那种潜藏於表象之下，难以言表的内心体验。

诗意的产生，好比自然（环境）表象中深藏的灵魂（神性），与人内心深处的灵魂（神性）相邂逅的瞬间，所激发而出的情感。这样的情感状态，远超越于人类的语言范畴，它是天人合一，物我交融的审美境界，是感官理性上升到情感深处的内心体验。通常，有诗意的环境，都是有强烈场所精神的地方。可以说，诗意是神灵借助自然凡物，通过具像感性的方式，所传递给人的精神启蒙。

诗意，同样是多样的、复杂的、朦胧的、难解的。有些诗意，对某些人显得容易理解，而对另一些人，则显得晦涩难懂。这是各自生长的环境与所处的文化背景不同，对诗意的感受则会产生较大差距。因此，对诗意的体验，更需要一颗敏感丰富的心灵，一个忘我崇高的灵魂。

所对应的人格品性是：崇高、丰富、超凡……

**诗意**

图 10　时光的流逝，浸染着工业革命的遗韵。空气中，一种颓败萧瑟的美，一种孤寂凄凉的诗

图 11　烟罩仿佛在天空中的吟唱

图 12　阿尔多·罗西，意大利新理性主义代表。设计追求一种新的诗意，充满场所意味，超越时空交错，表达出现代审美与传统文脉的融合

图 13　不经意的一角，诗意无处不在，平凡中见神

图 14　静谧的光明，神圣的诗意。极具诗意的体验，这就是锦江之星四川路店

图 15　诗意的空间气质，带有宗教般的神秘，充满神圣的意境。

图 16　乡间最后一抹余辉，静静染红着温润挚朴的门廊一角，充满诗意

图 17　寂静苍凉，孤独的厂房，沉默中的诗意

图 18　典型的江南水乡意境，强烈的场所精神

图 19　意大利超现实主义画家席里柯。画中被拉长的黑影，深深表达出一种神秘、幽深、茫然的现代人情节，一种梦幻般的诗意与失落

图 20　路易斯·康，美国现代主义建筑的精神领袖。主张建筑即精神，其作品寄诗意于光影中，寄神性于静谧之中

图 21　日本建筑师隈研吾，充满东方精神，洋溢着空间禅意

图 22　曼彻斯特的雨夜，气灯下潮湿的小巷，安详而充满诗意

图 23　挪威风光，纯静无染的世界，充满诗意

图 24　佛罗伦萨，浓郁的人文气息，厚重的历史沉淀，明显的场所精神

图 25　法国设计师菲利普·斯塔克。特有的诡异神秘的空间气息，使其场所精神充满迷惑

图 26　印度德里的胡马雍陵，充满神圣的光影，披上了宗教的肃静。

图 27　西班牙某教堂，光明的神圣，静谧的诗意

图 28　里斯本的两片山墙，平凡的对象，诗意的瞬间

图12

图13

图14

图15

图16

图17

图18

图19

图20

图21

图22

图23

图24

图25

图26

图27

图28

图29

图30

图31

图32

图33

图34

图35

图36

图37

图38

图39

图40

图41

图42

图43

图44

**诗意**

图 29　丹麦画家哈莫秀依，画中宁静、空虚、孤独的诗意，极好地诠释了人与环境相互交融的情景

图 30　上海设计师吕永中的“片舟”。画中浓郁的东方意境被充分地表现出来，是天人合一的绝佳演绎

图 31　恒古悠远的戈壁荒滩，大有“大漠荒烟直……”的诗意

图 32　希腊圣托里尼岛，又是一处人间仙境，童话般的诗意

图 33　超然的意境，诗意的极致，充分体现出天人合一，宁静致远的飘逸情怀

图 34　致恒致远，心灵的家园，诗意的典范，其境界之高远，近乎神圣

图 35　新疆伊春，如诗如画般的场景，田园牧歌般的意境

图 36　魏斯，《46 年的冬天》。冬日的山坡，飞奔的男孩，寓意着人生在大地上的短暂一瞬，使瞬间的影像透露出苍茫孤寂的诗意。在此，画家将自身的感情体验，融入到了这片荒凉的大地上

图 37　宋朝马远的《华灯待宴图》。画中意境深远，淡淡的数笔，体现出传统中国文人的诗意

图 38　神秘的东方文化，尼泊尔古城

图 39　安曼亚拉酒店，是天人合一，物我两忘的绝佳表现

图 40　黄公望的《富春山居图》。收尾的一角，可谓轻描淡写，意犹未尽

图 41　安藤忠雄的“光之教堂”，空间极简，却诗意盈然

图 42　意大利的浪漫，意大利的气息

图 43　美国乡村画家魏斯。乡间杂物间的一角，勾起人们无限遐想

图 44　法国具象派画家巴尔蒂斯。强烈的画面气质，表达出现代人的茫然、冷漠、神秘

图45

图46

图47

## 2-1-4. 神圣

神圣，层次（4）。人间稀有之审美境界。是借助审美，由人的内心情感上升到“法”与“真理”的心灵体验，是一种震撼灵魂的审美过程。如此境界，完全超越了自我，展现出对不可抗力的膜拜，对自然、真情、真理及宇宙秩序的敬畏，是一种对“法”的觉悟。如此神圣之美，传递给人那种不可侵犯、亵渎的力量，是超越天地间永恒精神世界的归宿。

所对应的人格品性是：神性、伟大、无我……

## 2-1-5. 平庸

平庸，层次（-1）。此类情况，完全是无个性、无美感。是创造力高度平乏的表现，是天资愚钝的反映，是丑的开始。这样层次的人，往往对美丑不知所云而无法独立鉴别，是无明的直接表现。

所对应的人格品性是：无明、愚钝、麻木……

## 2-1-6. 矫饰

矫饰，层次（-2）。主要表现特征是，费尽心机、矫揉造作，为显示与众不同，故作姿态。如此境界，同样是由心智引发的表演秀。但，终因其表演不是出于真诚的审美体验和感知，同时表演者的才能远不足以支撑所表演的欲望，最终弄巧成拙，大有装腔作势之举。

其中，不乏有才能的专业及非专业人士。

所对应的人格品性是：卑劣、伪善、做作、阴暗……

## 2-1-7. 恶俗

恶俗，层次（-3）。此境地为极端的俗气。它反映出人性中极端的自我膨胀，而自我膨胀的审美表现，就是无节止的过渡装饰，且丑陋不堪。这同样是情至深处的另一番体验。因此，恶俗完全是建立在贪婪、投机、痴迷等情感基础上，所培育而出的视觉形象，是内心需求的真彻流露，是罪

**神圣**

| | |
|---|---|
| 图 45 | 罗马万神庙 |
| 图 46 | 埃及金字塔，神圣的象征，恒久的力量 |
| 图 47 | 埃及，尼罗河旁的神庙，晨光中神圣与肃穆的震撼 |
| 图 48 | 泰山顶上的金刚经刻石，超凡大气，一股无可侵犯的力量 |
| 图 49 | 神圣、静谧的一刻 |
| 图 50 | 自然之诗意、天地之神圣，创世纪的力量 |

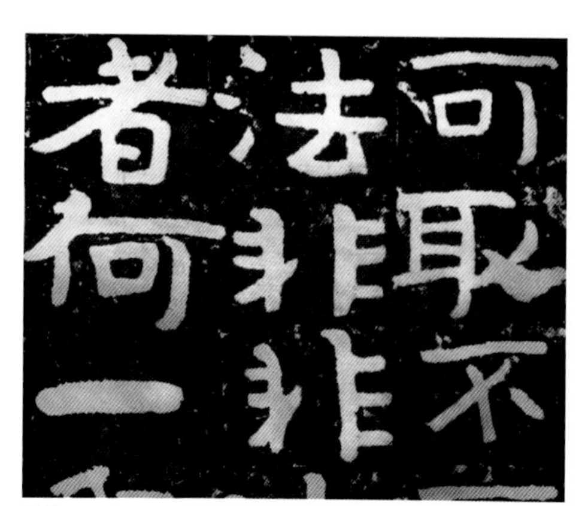


图48

图49

图50

**平庸**

图 51　常见的平庸表现，毫无美感，毫无思绪

**矫饰**

图 52　字如其人。其书法甚为做作，装腔作势

图 53　上海喜马拉雅为标新立异，别出心裁，过分表演概念，结果丑陋不堪

图51

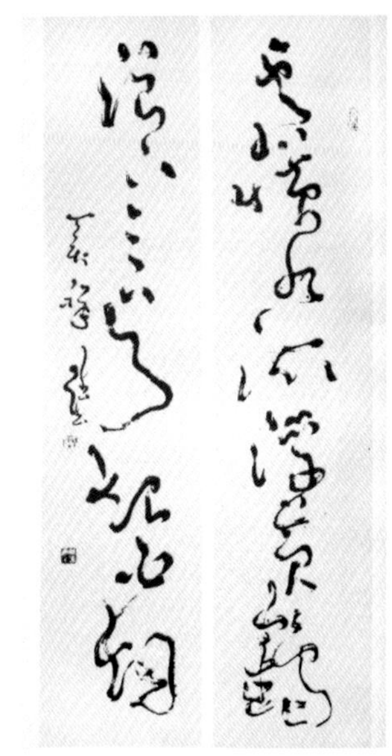
图52

恶的外衣。

由此想起建筑史上的名言："装饰即罪恶"。其实，装饰本身无所谓罪恶，修改一下此言："装饰能成为罪恶的帮凶"。

然而，对迷恋恶俗者而言，其本身并不认为是丑，相反视为大美之境界。如此现象，不论古今中外，不论地位学识的差距有多大，大凡那些极端贪迷者，都会拥有同样的审美追求，并不约而同地对同一类感觉痴恋，并被有力地表现出来。他（她）们是邪恶世界中的强者。

所对应的人格品性是：贪婪、投机、黑心……

### 2-1-8. 恶心

恶心，层次（-4）。如果讲，神圣是美范畴的至高境界，那么，恶心就是丑恶范畴的极至境地，它如同神圣一样成为稀缺资源。如此扭曲的心态，如此畸形的人格，所表现出来的非正常视觉形式，本质上是邪恶灵魂的再现。此类恶心的审美境地，彻底浸透在常人难以想象和忍受的精神体验中，其丑陋不堪形容。

所对应的人格品性是：无耻、畸形、魔性……

### 2-2. 八大人格对应

从上述八大审美层次中，可对应出八类生命等级。所谓生命等级，系指生命的精神等级。

层次（4）圣人：高度明知明觉，洞悉宇宙间"法"与"理"的无我之人。如：宗教人士、哲学家……

层次（3）贤哲：天人合一，物我交融，能领悟天地真谛、真情的人。如：诗人、哲人、艺术家……

层次（2）智者：内心高贵睿智的文人雅士，对事物有强烈的探究气质。如：学者、科学家、设计师……

层次（1）凡人：凡人中的能人、匠人。聪颖而有善意，却有所单薄肤浅。此类人群基数甚广，其中不乏拥有出类拔萃的各专业精英。

层次（-1）凡人：凡人中的庸人，对精神追求麻木不仁。同样是大多数人群。

图53

层次（-2）小人：装腔作势，附庸风雅的伪君子。具有较强欺骗性。往往是缺乏足够的真诚，又爱表现自我的人。如：艺人、设计师……

层次（-3）恶鬼：利欲熏心、丧心病狂、背离法理、自我膨胀，甚至罪孽深重的人。如：不法分子、黑心商人、权欲超重者、下流艺人和设计师……

层次（-4）恶魔：心无法理、唯我中心、横行无忌，且毫无罪恶感、廉耻心的人。这些人，能亵渎一切神圣事物，并且永无底线。与层次（-3）中的恶鬼相比，同是邪恶之徒，前者为“利”而邪恶，后者为“乐”而邪恶。

### 2-3. 神性、人性、魔性

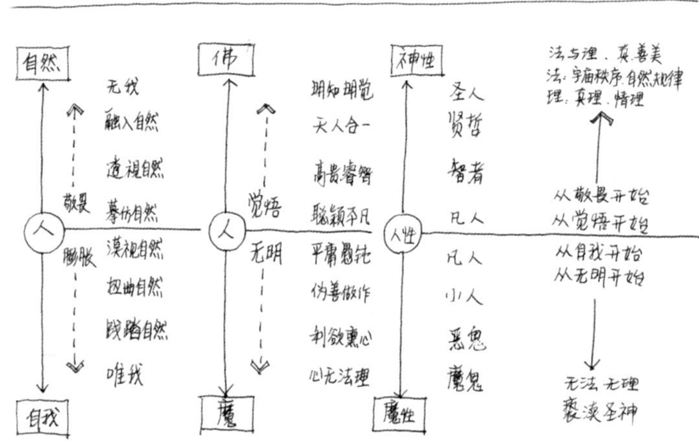


从圣人到恶魔，包含了生命的整个层次结构。这种生命层次，同宗教思想有着十分的相似性，见神、人、魔对应图表。

基督教认为：人生来带有原罪，原罪就是“自我”。当人的自我不断膨胀，人便逐渐背弃“自然”，走向魔鬼的世界。

佛教又认为：人有慧根，慧根的深浅，决定修行的高度。慧根，使人明知明觉而走向佛的世界。但是，人若无明，则会使人远离神圣，使人贪、痴、嗔，最终走向魔的世界。

我们从中可见，凡人、智者、贤哲到圣人，从基督的思想背景下来理解，就是对自然不同程度的敬畏。分别表现为“摹仿”、“透视”、“融入”、“无我”四种境界；反之，从凡人、小人、恶鬼到恶魔，膨胀使人不同程度的背离自然，分别表现为“漠视”、“扭曲”、“践踏”、“唯我”四种境界。

同样，从佛学的观点来看，由人到佛的觉悟过程，恰好是凡人到圣人的觉悟过程。分别表现为“聪颖平凡”、“高贵睿智”、“天人合一”、“明知明觉”。而从凡人到魔鬼的过程，也是无明发展的过程，又分别表现为“平庸愚钝”、“伪善做作”、“利欲熏心”、“心无法理”。

在此，“自然”、“佛”、“神性”同处一个层面。可理解为神圣的概念。即一切真、善、美的总和，一切“法”与“理”的象征。

所谓“法”，就是指宇宙秩序、自然规律。隶属于自然科学的领域。

所谓“理”，就是指真理、情理。隶属于人文科学的领域。

而觉悟，可视为对“法”与“理”（神圣与真理）的感悟追求。有觉悟，就有敬畏。伴随敬畏与觉悟，我们开始走向神圣与真理的世界。

同样，无明，可视为对神圣的无知无觉，对真理的无所追求。有无明，就会有自我。

从无明开始，从自我开始，我们便开始走向无耻，背离法理。

从无明到无耻，无名因此成为万恶的开始！

### 2-4. “无明”、“自我”与文化思想

无明，这恰好是我们当下许多人的状态。中国人缺乏的就是神圣感，即对精神价值的强烈要求。而文化中的实用主义倾向，一旦同无明产生联系，则进一步加剧了对神圣底线的背离。因此，在实用主义思想影响下，致使我们当下堕落为“技艺崇拜”、“物质崇拜”、“数值崇拜”、“功能崇拜”。（如：速度、规模、高度、产值、身价……）甚至连宗教都被异化为“有求必应”的买卖关系，大学被扭曲为只顾论文字数的多少，而缺乏对质的追求……

最终，无明将导向了邪恶贪婪、无耻畸形……使得一切道德底线均面临崩溃。于是，我们不难见到，

图54

图55

图55

**恶俗**

图54 迪拜帆船酒店室内设计。被俗气者推崇备至的典型案例。

图55、图56 哈药六厂。恶俗之极，过分的低品位堆砌性装饰，充分体现其内心灵魂的道德品性

**恶心**

图57 恶心的茶文化建筑

图58 如此狰狞恶心的建筑怪物

图59 恶心的建筑形象，灵魂的真实写照

图60 狰狞恶心的画作

图57

图58

对神圣的亵渎无处不在。如:教育领域、医疗领域、宗教领域、司法领域……到处可见，昧着良知，冲跨一个又一个神圣底线的鲜活案例。

其实,无明本身并不成其为什么罪过。而是断绝了对神圣的感知与追求,最终为走向罪恶的世界推开了第一扇大门。这就是为什么说，无明是万恶之始。

无明与文化中的使用主义情况，十分相似于“自我”与文化中的人本主义。自我在人本主义思想的影响下不断发展，直至成为至今极端的自我膨胀。

因此，离开了对神圣的追求，东方文化中的实用主义也好，西方文化中的人本主义也罢，都将逐渐走向堕落。

## 三、审美研究的价值

### 3-1. 缔造者

西方文化史上，曾将建筑师称为缔造者。

14 世纪意大利理论家阿尔伯蒂对建筑师就有如下定义 :“建筑师是对人类环境负有责任的缔造者”。

扩大一下“缔造者”的范围，将从事审美创造领域的各相关门类都包含其中。他（她）们都将负有环境塑造的教化功能。

因此，设计师作为审美环境的创造者，其人格不仅是个人问题，更是社会问题。他们的人格品性，通过自身的作品被扩大化、社会化了。不论人们是否主动接受其影响,事实上,在潜移默化中,已不知不觉地受到感染,并产生作用。

试想，一个伟大的作家创作了一部名著，是否我们就认为该小说仅仅讲述了一个生动的故事? 回答显然是否定的。那么，一个真正优秀的设计作品，是否就被理解为仅仅提供了一个单纯的实用功能？回答显然也是否定的……

西方有句格言 :“凡是建筑都必然对人的思想产生影响，而不仅仅为人体提供服务。”

这里的“影响”不光是指好的设计，差的设计同样也包括在内。因此，设计师需要有神圣的使命感与道德精神。

### 3-2. 审美透视

审美面前，人人显得真实。这是审美体验的真实性特征。

审美就如一面明镜，如一把利器，真实地照射出各自的人格灵魂。

通过审美判断，我们得以认清深藏于内心深处的思想情感，帮助我们诱过种种“包装”，看清人的品质禀性。看一个人如此，看一群如此，看一个社会如此，看一个时代，一个民族亦如此。

审美明镜这一透视武器，尤其适用于明鉴和美术相关的诸类领域的人们。如:绘画、设计、电影、戏剧……甚至包括开发商、评审专家……审美，作为灵魂的镜子，是最终的精神审判。

这，便是审美最可敬可畏的功能之一。

### 3-3. 审美拯救

除上述的审美诱视功能外，另一重要功能便是审美拯救。

#### 3-3-1. 可被拯救与不可被拯救

在善恶分界线之下的恶鬼、魔鬼这两个层次的生命，是不可被拯救的范畴。针对这样的鬼与魔，只能被人们揭示、认清。

而庸人、小人这两个层次，是有可能被转化，被拯救的。

如何才能被拯救呢? 那就是审美修行、审美熏陶。使无明的人和伪善的人得以提高自身灵魂的层次。

#### 3-3-2. 无明与环境教育

无明者或伪善者，若处在一个美好神圣的现实环境中，就会逐渐发展成有良知、有觉悟的凡人或君子，甚至是专业领域的杰出精英人士。

相反，无明者或伪善者，若处在一个邪恶贪婪的环境中，则会演变为魔鬼般的人物。

可见，环境对绝大多数人的成长至关重大，并影响着人们的发展方向。

环境教育,能对人生产生潜移默化的教化功能。从而规范人的思想行为,影响人的品行道德。这一发现，早在历代君皇借助建筑设计来加强权力统治这一事实中得到印证。恰如英国伟大的古典主义艺术理论家贡布里希所言 :“一个人可拒绝学习，拒绝识字看书……但一个人无法拒绝来自周围环境的教育影响……”。环境对人格品质的塑造起到了重要作用。

历史上，曾有“审美救国论”的思想。审美，既是武器，又是良药。

所以,我们需要觉悟,需要被提升。这便需要审美拯救,需要环境教育。

#### 3-3-3. 环境教育与设计师

环境的教育作用是宽泛的。但审美环境的教育却落在我们设计师身上。重温阿尔伯蒂的名言 :“建筑师就是那些对环境负有使命的缔造者”。

扩展一下，如今的建筑师、室内设计师、产品设计师……以及所有从事审美创造的人，都是人类精神的塑造者。

设计师，因其对环境的影响甚大，理应负有神圣的天职，创造出更多有人格力量的场所精神！ END

图59

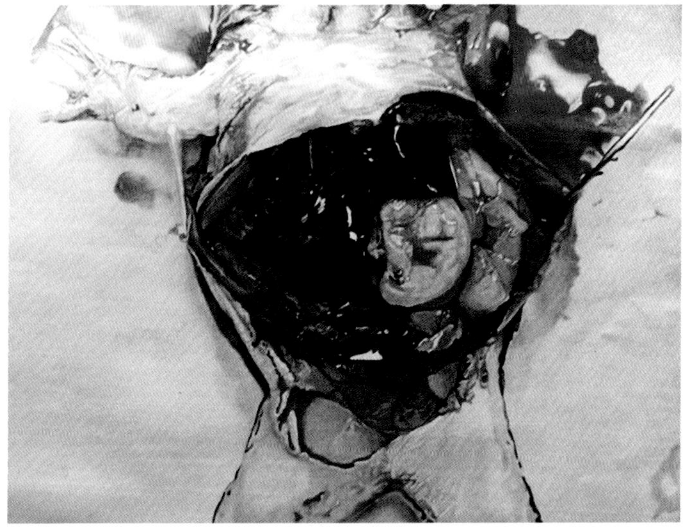

图60

# 边缘，才最具有活力

## 专访清华大学美术学院环境艺术设计系系主任苏丹

撰 文 | 阮圆

相对建筑与城市规划专业，环境艺术设计系尚处萌芽阶段。自成立之始，由于市场的需求，该专业就在教学过程中渗入了实践的内容，使其具有很强的实践性。作为中国国内首屈一指的名牌学府，清华大学自1999年与中央工艺美术学院合并后，开设的环境艺术设计系迄今已走过十余个春秋。与国内大多以职业教育为目的的高校不同，清华大学的环艺系走上了一条探索之路。此次，我们与清华大学美术学院环境艺术设计系系主任苏丹教授进行了一次面对面的交流，令我们能更加深入了解清华大学美术学院环境艺术设计系的现状，并分享了苏丹对环艺系、环艺专业乃至环艺行业目前现状以及未来发展趋势的看法。

**ID**=《室内设计师》

### 关于历史与现状

**ID** 能谈谈清华大学美术学院环艺系的历史吗？并且介绍一下现在的架构？

**苏丹** 我们的环艺系原来是属于中央工艺美术学院的，1999年，中央工艺美术学院和清华大学合并，学院一共有十个系，环境艺术设计系是其中之一，分为景观设计与室内设计两个方向。目前景观设计和室内设计的本科教学分为四个年级，每个年级每个方向的中国学生15人，留学生大概是5名。在学科分类上，环境艺术设计是二级学科专业。其实，这种学科分类以及定位约束了它产生新专业的可能，但为了这个专业的发展，我们建立了两个专业方向：一个是室内设计专业方向；在1990年代末我们又建立了环境景观专业设计方向。

**ID** 能谈谈这两个专业的现状吗？

**苏丹** 目前来看，这两个专业所处的状况是完全不一样的。室内设计由于建立时间较长，因此比较成熟。虽然这个行业的经济收益不如前些年了，但是这个行业却开始步入成熟期。院校教育开始职业化了，正说明这是这一专业成熟的标志。反观景观设计现在还是初步发展阶段，不同的院校根据不同的条件来发展，建立各自的阵地。比如园林院校根据对植物的认识来发展景观，建筑院校通过规划和建筑学这两个专业基础和相关理论来发展景观，美术院校通过环境艺术设计这个平台也在进行渗透。虽然每个院校专业设置的立足点不同，但主要还是根据市场来建立相关的专业方向，因为社会需要大量这方面的人才。

**ID** 目前研究生教育发展得如何？

**苏丹** 目前，研究生的课程正在打造中，其实，环艺系的研究生教育和规划以及建筑专业都差不多，到了研究生阶段，交叉是必然的，势必与规划，与艺术手工等都发生关联。其目的就是为了营造空间环境，改变它的状态，所以无所谓要严守学科之间的界限。

**ID** 学校有没有在专业整合上做出过一些重组之类的尝试呢？

**苏丹** 2011年上半年的时候，我们学院想推进专业整合，我们环艺和陶瓷系、工业设计系还有一部分服装系原本准备合并，但是在实施过程中，毕竟还是有一定阻碍的。

### 关于课程

**ID** 清华的环艺类专业与其他学校有什么不同吗？

**苏丹** 清华大学是具有品牌效应的名牌大学，学生的考分都特别高，而我们环艺系的规模也不是非常大。基于此，我们就一直希望培养些研究型人才，希望有所超越。我们希望培养出来的学生能有更多的创造力，懂市场、懂经济、懂社会学。

**ID** 这些与环艺有什么关系？

**苏丹** 其实，现实都是复杂的，现存的问题也不是单一学科所能解决的，社会学中也有空间理论，规划是否符合经济与市场规律，是否符合社会需求，将这些错综复杂的问题综合来看，你的方法就会更有效。我不希望我们培养出来的学生仅仅是名小设计师，也不希望做成职业教育，我认为，这种没有信仰的状态挺可怕的。

**ID** 您前面谈到了清华美院环艺系与其他学校相比，有一定特殊性，那在课程设置上，学校如何体现这样的教学目标呢？

**苏丹** 其实只要将课程设置得不要太技术，不要太应用性就可以了，而是要加入一些社会学、伦理学等的课程，让学生更加开放，更加关心世界性的话题，而不仅仅局限于一个酒店、一个超市，这样，学生的心气就高了。当然，我不认为，清华美院目前采取的模式是全国通用的，但是，我认为，中国总应该有那么几个学校，那么几个机构，来做这样的事情。毕竟，清华美院入学苛刻的门槛，学生能享用那么多社会资源，如果仅仅是以培养一个小设计师为目的，就太可惜了。每个专业方向，每年才15个学生，加上留学生也就20个，如果以培养家装小设计师为目的，这批人在两三年内，就会被湮没。

**ID** 国内的其他环艺类高校的现状是怎样的？

**苏丹** 国内大多数环艺类高校都是以培养技术型人才为主，但是所有的学生其实都有着份崇高的情结，尤其是在清华这样的高校里。我觉得清华适合搞研究生教育，因为这帮孩子特别有激情，很多优秀的学生在做完交换学生后，就不愿意回来了，比如去英国AA这样的学校后。

**ID** 这些学生是否仍然在国外继续环艺专业的学习？

**苏丹** 很多都会转到其他学科，比较多的是往建筑学方向发展，但也有些往比如动画类专业转，转向艺术的很少。我希望我们以后把环艺专业也做得高端起来，也会有建筑学的硕士过来研究环艺专业。像瑞典皇家艺术学院里的大部分东西都是和建筑设计没有太大关系的。

**ID** 你们的学生对学校的教学目标有什么看法呢？

**苏丹** 其实，一个老的学校还是会有很多保守意见，但学生会影响老师，学生的心气高了，老师就会更关注国际设计的最前沿动态。

**ID** 是否会有人质疑，这样会造成学生基本功不扎实？

**苏丹** 基本功指什么？是指那些能干活的东西？现代社会的基本功是研究的方法。在这方面，国外很多学校的训练方法很好，他会告诉你研究的方法，他们非常注重调研。他们会教学生如何去调研，如何将调研的数据产生一个结果，如何利用调研的目的去发现问题，如何去发现最根本的问题。现代的教育方法也改变了，欧洲很多学校的训练方式也与以前不一样了，比如学生随身携带的不再是速写本，而是相机，教授会来评判你哪些照片是有价值的，哪些是没有价值的。最近韩国首尔大学的入学考题就很有意思，他们给学生提供了一堆图片，让学生从中挑选出最感兴趣的图片，然后将这张图片与专业发生关系。当然，随着时代的进步，技术肯定也在不断发生变化，但思考的逻辑性是基本不变的，所以，我们在教学上应该教会学生如何发现问题，如何解决问题，如何学习田野式的调研。

**ID** 目前，清华美院的课程是否与您之前谈的这点接轨了呢？

**苏丹** 我们很早以前就很注重调研的教育了。五六年前，就有很多来自国外的老师给我们的学生上课。而且我们的外籍老师比例非常高，每年都会有七八位外籍老师来带课，而且还有非常高比例的交换生机会。

**ID** 可以和我们分享些你们系比较有代表性的课程吗？

**苏丹** 和以色列建筑师艾瑞克以及洛桑瑞士联邦理工学院合作的课程都比较有代表性。和艾瑞克合作的课程其实就是在美院体系上建筑设计课的探索，这个课程的时间节奏与教学目的与以往的课程都不一样，强调想法，比较注重过程，学生都做得很努力。课程的教学方法也与传统都不一样，主要分成几个方面：一是谈尺度与身体；二是谈功能与研究；三是谈场地。这样的课在课堂的控制上也不一样，整个课程一共7个星期，流程是在课程开始时会讲一个问题，老师布置作业 ，再一起进行讨论，在课程中期时，大家各自发表观点与成果，之后确定方案。整个课堂的节奏控制与以往的设计课的差别很大，打破了环艺与其他学科之间的界限，从场地、环境、社会问题以及室内空间感受等多个角度来解决问题。与洛桑瑞士联邦理工学院合作的课程则强调学科交叉，这个课程包含建筑、生命工程、医学和新信息专业等，在与该学校接触了4年后，于2011年在我们学校展开了深度合作。这个课程强调建造，强调人的身体与专业的关系，在瑞士的课程中，甚至会动用直升飞机在阿尔卑斯山上建造，他们这个课程曾经在伦敦建筑节上获过奖。在整个过程中，瑞士联邦理工学院的学生明显比较强悍，在课程中，像工人一样干活，并从空间、结构、质感等多个方面研究探讨问题，这种研究并不是在既定目标引导下的，而是开放性的。这个课程并不是主要通过教授的讲课，而是将动手做模型作为课程主导，这其实是教会学生一种方法，培养他们现场解决问题的能力。这个教育方法其实挺独特的，给我的思考也挺多的，它面对了中国教育之前不敢直面的问题，给中国的设计教育补了缺。我们的学生虽然一直在学校里会动手，画图，但都是些虚拟课题，而这个课题就相当于让他们打了实战。

## 关于“环艺专业”

**ID** 你认为环境艺术其实是交叉的，应该包括室内、景观和产品等，对吗？

**苏丹** 我觉得只要是与环境相关的，我们都要吸纳。我们并不是直接要把产品设计的体系拿过来，而是在有些产品设计的方法中，很注重环境，即情景式的设计，这种设计方式将情景描述的很具体，讲究在场所中的运用，我们认为，这与环境艺术一脉相承。从环艺专业的教育来讲，我对环境是比较敏感，我认为什么方法都可以，只要能造成综合的良好的环境氛围就可以，不要太介意，哪方面用了建筑的手段，哪方面用了信息设计的手法，这样的局限就会将环艺专业逼上死路，毕竟，这是门正在建立的学科。

**ID** 如何来评价环艺专业目前的状态？

**苏丹** 这是种混沌而交叉的状态，而边缘状态正是最有活力，最能产生新思想的状态，孕育着无数的机会。

**ID** 环艺专业有没有底线与基本的标准呢？

**苏丹** 当然，作为一个学科来讲，环艺类专业还是要有准确定位的。首先，环艺类专业培养的不是艺术家，它还是需要获得社会的认同的，需要操持技术，存在着边界。具体来讲，环艺类专业的教学目的，是需要培养掌握景观学基本知识，懂得用空间来营造氛围的人才，他同时还需要会运用技术手段来增强表现力，还需要懂得电器、材料以及施工等的基础知识，并能驾驭形式，而且能比较好的运用形式作为空间表达语言。

**ID** 这与建筑学有什么区别呢？它们之间的边界又在哪里？

**苏丹** 懂空间并不一定懂建筑，懂建筑的人还是会有一定的造型能力。

**ID** 与建筑设计有什么区别？

**苏丹** 建筑设计的核心不仅是环境，它还包括建造，技术特征很明显。但是环境艺术与建筑这两者之间是有交叉的，环境艺术还涵盖了其他很多东西。

**ID** 请总结一下环艺专业的发展现状？

**苏丹** 环艺这样的概念正在建立，成熟形态还早着呢。虽然这是门应用学科，但是它应该有个理论上的根，我指的是为环境寻找个根，而非局限于室内或者景观。环境有可能变成价值感，这种价值感会转变成一种精神，能起到约束设计的重要作用。

**ID** 这样的现状会影响日后发展吗？

**苏丹** 如果我们的环艺专业全部都往实用主义走的话，这对专业的今后发展是非常危险的。我认为，在整个行业里，总要有那么几个机构要走高端路线。打个比方吧，农民工就非常反感被称为农民工，因为过去，我们普遍都认为农民代表着受教育程度比较低，这个现象其实和环艺专业的从业人员是有一定共性的，现在社会上普遍都认为，从事环艺专业的都是些小老板，虽然赚得都不少，但是社会上承认你吗？与那些搞法律的，搞经济的，甚至是搞文艺的相比，环艺专业不算什么，社会上只是认为，这只是个为个人服务的专业，只是个以单纯经济目的为主的专业。

**ID** 环艺专业在国际上的发展现状又是如何的呢？

**苏丹** 在其他国家，也不存在环艺这个专业。这么多年来，我们清华美院一直试图去国外“找对象”，这个过程非常艰难。我们在芬兰找到过一个，他们是搞纯艺术的，有着纯粹的人文关怀，对他们来说，可以运用任何手段去改变环境的属性，比如他们会组织学生去一条犯罪率特别高的街道，在那里搞一些活动，利用设计与艺术，来改变这样的现实状况。他们的环艺系更多的是关注环保，一般都是去森林、草地里做，比如，冬天，他们会用麦秆来做一些装置。不过，这所高校的环艺系与我们的不一样，他们其实是纯艺术方向，而我们的是设计。但是，我们可以在血统上吸纳他们的这种公众而且高尚的定位，改变国内环艺系普遍庸俗定位的状态。END

# 设计课堂的边界

撰　文 | 苏丹

建筑设计（7 周 56 学时 3 学分 周一、四）

讲课：关于建筑设计的思考，我们如何批判地看待建筑设计，如何思考建筑的内与外

第一周：3 月 28 日 练习 1：比例、尺度与身体；3 月 31 日 讲评

第二周：4 月 4 日 练习 2：功能与研究；4 月 7 日 讲评

第三周：4 月 11 日 练习 3：分析与概念；4 月 14 日 讲评

第四周：4 月 14 日 最终练习；4 月 21 日 概念阶段

第五周：4 月 25 日中期成果汇报 1（PPT）；4 月 28 日 深入阶段

第六周：5 月 2 日 放假不上课；5 月 5 日 中期成果汇报 2（PPT）

第七周：5 月 9 日 调整完善阶段；5 月 12 日 最终成果汇报，教室评图

建筑设计课程在设计教育中到底处于何种位置？是一个存在争议的问题。在清华大学美术学院新的学科规划中，这门课程已经被“排挤”出了核心课程的目录。但现实依旧证明：这门课程在设计学科的知识结构中的位置，它是一门尚无法超越的基础性课程。

因此，尽管它在目录中已滑向了边缘，但我相信，在相当长的时期内，它依然会存在，并继续发挥着奠定设计方法的基础训练的作用。但另一个不容忽视的问题是，在新的时期，这门进入中国高等教育课堂几近百年的课程，其授课的内容和方式是否需要与时俱进地做一些改进？从文化的整体状况来看，如今，我们已经进入了一个更加自觉的追求民主的时期，知识的传播方式已随着网络普及，与过去有了天壤之别，知识课堂也已不再具有垄断性。

教师的权威性何在？课堂的诱惑力何在？对于高等教育，这些都是严峻的挑战。对于专业领域而言，技术手段和创作思想发生的巨大变化也是一个令传统课堂教育忐忑不安的事实。变化是绝对的，这不仅是对于外在环境所做的总结和提示。

一直以来，我在美术学院都担任建筑设计课程的教学工作，多年以来，早已积累了一整套方法。这种方法和自己受教育的经历密切相关，它源于 1980 年代中期的现代主义思潮和设计手法的深刻影响。但一个看似不合理的教务规定却促使我对授课模式进行了适度改革。受制于大学苛刻的评教要求，学院规定：设计课程只能由一名教师担当，这样职责明确是以便分明的赏罚。但问题出现了，过去的设计课，多数情况下进行的是一对一的辅导，并且教师往往要亲自给每个同学修改设计草图。于是课堂常常到了下课的时间却未能结束，而且这种方式对教师的体力和智力都是一种折磨，尽管教师绞尽脑汁使尽浑身解数，但无法针对 20 个左右的个体给出符合个体条件的指导。在新的文化背景之下，学生的个人意识不断增强。尤其在清华美院这样的学校里，学生希望自己能够主导自己的设计过程，他们对传统的教师改图方式开始产生抵触情绪。近几年来，我有意识地对授课方式进行了一些调整，每一学年的建筑设计课

## SCALE AND BODY
## 比例、尺度与身体

用以下 5 种基本的尺度去记录你的身体

1. 正常尺度
2. 非正常尺度
3. 没有尺度
4. 个人的尺度
5. 集体的尺度

注：所有图像必须使用同样的方法（用于创建图像的行动必须共享同一个逻辑语言）

成果：五幅画面，操作使用 Photoshop

# PROGRAM AND RESEARCH
# 功能与研究

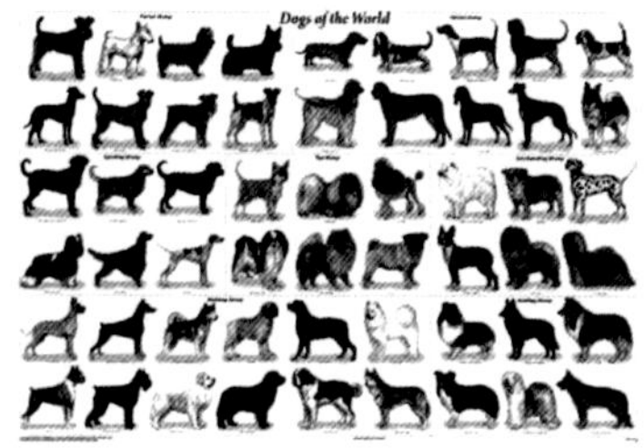


对场所项目进行研究

* 迷你研究：SEATLE 公共图书馆（课堂上）

- 空间在全天内是如何被使用的?
- 公共空间与私密空间之间的关系是如何影响项目设计的?
- 运用练习 1 的知识，如何能够将方案移动、涂改、夸大，试着用之前学到的一个尺度关系改变情况。
- 应该有一个清醒的认识差异，对方案项目内的住宅、商业、机构和办公等不同区域进行划分。

成果：研究现有的及计划的项目功能（分析模型）

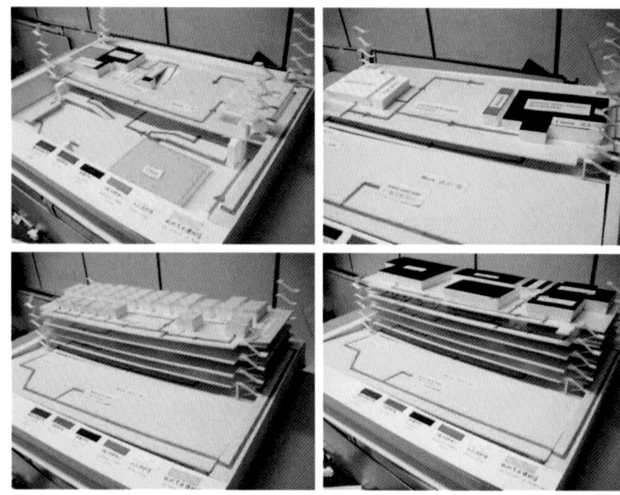

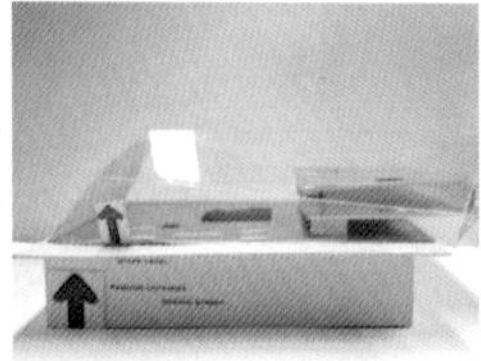

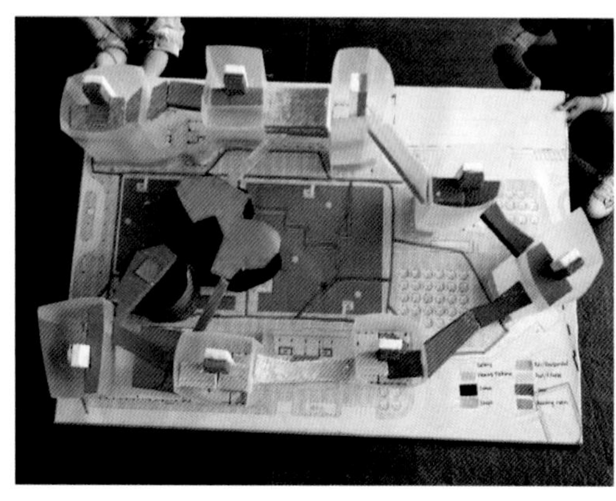

程都会在社会上选择一名职业建筑师与我合作来授课。这样做的目的有三：一是解决辅导或对话中的人手不足问题；二是打破一名教师单一的主张统率全局的课堂文化状况；三是通过一线的职业建筑师带来的最新设计方法来弥补知识的老化问题。这三个目的对我选择合作伙伴也提出了一些必要的要求。

艾瑞克是一名以色列籍的职业建筑师，其建筑专业的学习是在米兰理工大学建筑系和法国建筑巴黎拉德 VILLETE 完成的，后来又在美国亚特兰大佐治亚理工学院修完了科学硕士学位。他曾在库哈斯的 OMA 事务所工作过 3 年的时间，在马岩松的 MAD 事务所工作过 2 年，现在和一些志同道合的建筑师在北京成立了自己的事务所。艾瑞克在意大利和法国都有过短暂的教学经历，并且一直有愿望在中国的院校授课，老朋友易介中曾经向我积极推荐过此人。2010 年，我和美籍建筑师 ANDY（温子先）的合作课程结课时，他也曾出席过我们的评图活动。2011 年 3 月初，日本建筑师西沢立卫来清华大学讲学，在晚间的沙龙上，我又见到了他，我试探着向他发出邀请，没想到他立马就答应了。接下来的时间里我们就上课的一些细节进行紧锣密鼓的协商，我将本课程在环境艺术设计学科中的作用和学生的情况向他作了详细介绍，并且道出了我聘请外教的目的。

艾瑞克制定的教案打动了我，教案中时间安排紧凑，每一阶段训练的目的明确，各阶段在教学环节上衔接顺畅。授课的内容也很新颖，超越了专业知识传授的范畴。罗列的案例生动有趣，和我个人的趣味不谋而合。这是一个良好的开端，他消除了我关于外聘教师的职业状态和知识结构方面的疑虑（职业建筑师教学中出现的问题五花八门，在世界一些著名院校的教学实践中都不稀奇）。

每一次聘请外教授课我都会主动地担当配合的角色，这次亦不例外，开课的时候我向学生们对课程和艾瑞克的情况作了简单介绍，就坐在了下边和学生们一起听他讲课。和我们习惯的设计课安排相类似，他授课的时间也很短，每一次大约在一节课左右，但内容吸引人。他将人类设计和建造活动的特质进行了梳理和归纳，课程的教和学活动密切围绕着这几个方面展开讨论的训练，最后进行综合训练。艾瑞克对建筑设计的理解没有拘泥于功能和形式的平衡问题，而是将他的话题拓展至身体与尺度、功能与研究等四方面关系的讨论和研究。真正的作业都是在课下进行的，课堂只是讲授和讨论的场所，这样设计课堂的边界就无限延展了出去，它也许会蚕食学生们的所有课余时间。我想这并不是一个可怕的和道德感缺失的现象，因为学习和生活之间的平衡关系并非是均匀的，课程和课程之间对时间的争夺也是教学活力的一种表现。

第一个阶段的讨论围绕几个基本概念进行，信息、图像、逻辑、甚至表述都是被评判的对象。但艾瑞克对讨论的要求很高，控制性也非常出色。学生们被要求不断制作 PPT 以对教师提出的问题进行阐释，图像的选择反映出了学生对信息传达的敏感性，图像和图像之间的次序安排则体现了学生对问题解释的条理性。在这几个方面，艾瑞克的态度坚决同时注重细节，他对图像的质量要求苛刻，这和当代艺术中的视觉要求有密切的关联。同时他对图像和问题之间的关系把握也很到位。这一点对我启发很大，我想这是一种新时期的审美训练方式，逻辑性和跳跃性彼此呼应又各自独立。愉悦的产生和图像本身的美学形式关系不大，但美来源于叙述的结构。如果我们认为设计教育不能抹杀个体之间的差异的话，那么协助学生建立思维和工作方法方面的优良结构应是教育的核心内容。因此讨论方面的诱导是围绕结构的建立而进行的，但东方的课堂文化有其拘

# ANALYSIS, CONCEPT, AND DESIGN
# 分析与概念

从第一与第二个练习的分析中，尝试设计一个室外临时展览建筑

- 整合前两个练习中的信息，提出一个能够良好的贯穿临时展览建筑始终的设计概念。
- 没有场地限制
- 临时展览建筑需要容纳多为使用者。
- 空间应着重注意对材质、孔隙度的把握。

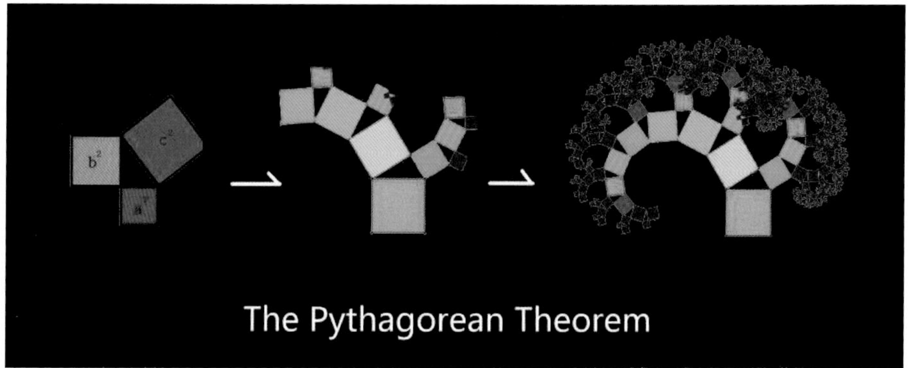

# SITE, CONTEXT, AND INTERVENTION
# 地块、现状、其他要求

设计一个包含以下功能的平台：

交流、

思考与阅读

做饭与饮食

生长 / 植物

- 分析场地与周边关系
- 设计必须要满足有可居住性、适应性强、多孔性和灵活的结构，以便容纳多尺度的建筑和景观设计。
- 设计应与周边环境、功能、和每个学生个人的分析紧密相关。

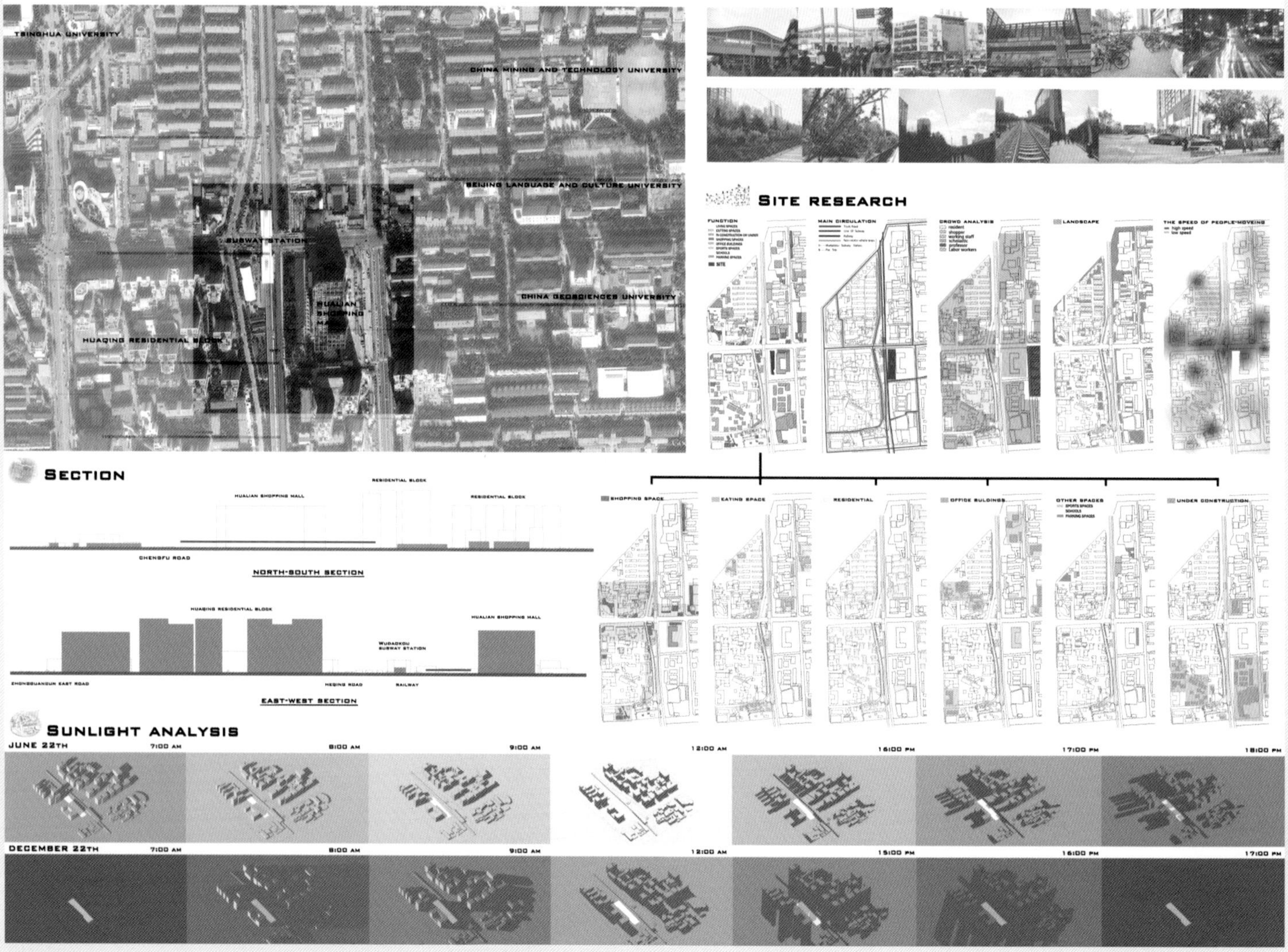

TSINGHUA UNIVERSITY

CHINA MINING AND TECHNOLOGY UNIVERSITY

BEIJING LANGUAGE AND CULTURE UNIVERSITY

SUBWAY STATION

HUALIAN SHOPPING

CHINA GEOSCIENCES UNIVERSITY

HUAQING RESIDENTIAL BLOCK

SITE RESEARCH

SECTION

NORTH-SOUTH SECTION

EAST-WEST SECTION

SUNLIGHT ANALYSIS

JUNE 22TH

DECEMBER 22TH

谨的一面，讨论对于设计教育既很重要又是一件常常无奈的事情。艾瑞克善于用作业来调动每个人思考、陈述、评论的热情。

以色列人的工作作风之勤勉、刻苦是世界闻名的，艾瑞克的教学令我欣慰。用中国模范教师的标准来衡量的话，都是没有问题的，他的教学工作计划周密，并严格遵守作息时间。每一次上课的早晨，他都会衣冠楚楚地准时出现在课堂，他饱满的精神也感染着学生们，学生们亲切地把他唤作“艾叔”。艾叔对每一位学生的作业情况都了如指掌，并不时对一些方案所表现出来的智慧大加赞赏。有时，他还会将他北京事务所的同事带到课堂来，参与讲评和辅导，他的事务所中的建筑师人数不多，但是来自世界各地，有着多样的文化背景和职业履历，他们的参与，令学生们感受到设计中多元性的文化状况。这是一种学术民主的表现，深深地根植于年轻人的思想中，这种意识的萌发将极大地鼓舞他们克服一切困难去追求真理。

综合性训练是整个七周课程的最后一个环节，设计的场地选在了清华校区边缘的一个复杂地块上。它的坏境比较复杂，业态、交通、体量变化和建筑风貌混乱多变。选择这样的场地有其特殊的目的，他训练学生对环境感知的敏锐度，同时能寻找到一种能解决环境问题的有效方法。这时，建筑设计的任务就不仅仅是解决自身的问题，而是立足于建立一个和环境相协调的，具有独特魅力的空间场所。这样的目标和环境艺术设计专业的目标是一致的，新的建筑将促进环境的友好型发展，成为社区景观的一部分。在这个环节中，大量的模型制作替代了 PPT 的制作，学生们的想像力表达都是依靠模型来传递的。手脑并用培养的是一种属于这个行业的独特的研究和工作模式，它是未来建造活动的微缩和模拟。每一次课前都要根据变化的想法制作一个新的模型，模型对环境关系的展示一目了然，同时能使学生在制作中拓展其他的可能性。这一点是我近些年通过开放性的课堂受到的启发，它和过去我们倡导的描绘式表达、平面式的思考训练有很大的差异，我个人认为它是一种更接近将来的目标，更加有效的方式。

评审是设计课程中重要的环节，并且它应该是开放的，近几年我负责的课程常常采用这种方式。学生们会因为其作品的公开接受评价而更加尽心尽力的准备，这种评审也是一个教学单位，一个教学空间中的重要事件，是活的景观变化。是我们设计教育文化的一部分，在世界范围内这是我们最熟悉的景象。这次评审也有来自许多教学机构和职业机构的许多建筑师，他们一方面反映出挑剔的专业眼光，甚至刻薄的批评，另一方面有表现出对个性的包容。

在这次漫长的七个星期教学活动中，这个位于教学楼三层的教室总是灯光彻夜通明，像孩子们熬夜工作时的眼睛一样，痴迷和好奇统领着时间，顽强伴随着疲惫。END

# 鄂尔多斯博物馆
# ORDOS MUSEUM

摄　　影 | 舒赫、Iwan Baan
资料提供 | MAD

地　　点 | 中国 鄂尔多斯
基地面积 | 27760m²
建筑面积 | 41227m²
建筑高度 | 40m
主持建筑师 | 马岩松、早野洋介、党群
合作工程师 | 中国建筑标准设计研究院
机械工程师 | 山西省建筑设计研究院
幕墙顾问 | 华纳工程咨询有限公司，珠海市晶艺玻璃工程有限公司北京分公司，Melendez&Dickinson Architects
总施工单位 | 呼和浩特建筑工程公司
其他顾问 | 北京宇通盛世照明工程有限公司，上海义和建材装饰集团股份有限公司，浙江精工钢结构有限公司

由 MAD 设计的鄂尔多斯博物馆近日落成，它好像是空降在沙丘上的巨大时光洞窟，其内部充满自然的光线，正将城市废墟转化为充满诗意的公共文化空间。

六年前还是一片戈壁荒野的内蒙古鄂尔多斯新城如今充满争议，争议本身已经将其置于更广泛的中国当代城市文化反思的焦点，它让公众重新理解地方传统和城市梦想的关联和矛盾，同时，也迫使我们理解那些被边缘化的地方文化所爆发出的对未来深切的渴望。2005 年，在一片荒野上建立一个新城区的城市规划图制订后，MAD 受到鄂尔多斯市政府的委托，为当时尚未成形的新城设计一座博物馆。

受到巴克明斯特·富勒（R. Buckminster Fuller）的“曼哈顿穹顶”的启发，MAD 设想了一个带有未来主义色彩的抽象的壳体，在它将内外隔绝的同时也对其内部的文化和历史片段提供了某种保护，来反驳现实中周遭未知的新城市规划。博物馆漂浮在如沙丘般起伏的广场上 ，这似乎是在向不久前刚刚被城市景观替代而成为历史的自然地貌致敬。市民们在起伏的地面上游戏玩乐，歇息眺望；甚至早在博物馆还未完工时，这里就已经成为大众、儿童和家庭最喜爱的聚集场所。

在步入博物馆内部的一刹那，好像进入了一个明亮而巨大的洞窟，与外界的现实世界形成巨大反差的峡谷空间展现在眼前，人们在空中的连桥中穿梭，好像置身于原始而又未来的戈壁景观中。在这个明亮的峡谷空间的底层，市民可以从博物馆的两个主要入口进入并穿过博物馆而不需要进入展厅，使得博物馆内部也成为开放的城市空间的延伸。

内部的流线是一条游动在光影中连续的线，时而幽暗私密，时而光明壮观，峡谷中的桥连接着两侧的展厅，人们在游览途中会反复在穿过空中的桥上相遇。明亮的漫射天光使得博物馆大厅完全采用自然光照明。博物馆外墙采用大面积的实体墙面和铝板以抵御鄂尔多斯严寒和恶劣的天气。一个南向的充满阳光的室内花园成为办公和研究空间的中心，在提供良好小环境的同时也给室内空间提供了一个隔离层，减少热损失。

博物馆的建成为一个高速发展的城市带来片刻的喘息。人们在这个传统和当代艺术相融合的充满生机的空间里相遇，一同开始他们的时空旅程。 END

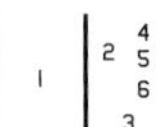

1-3 外形带有抽象主义色彩
4-6 分析图

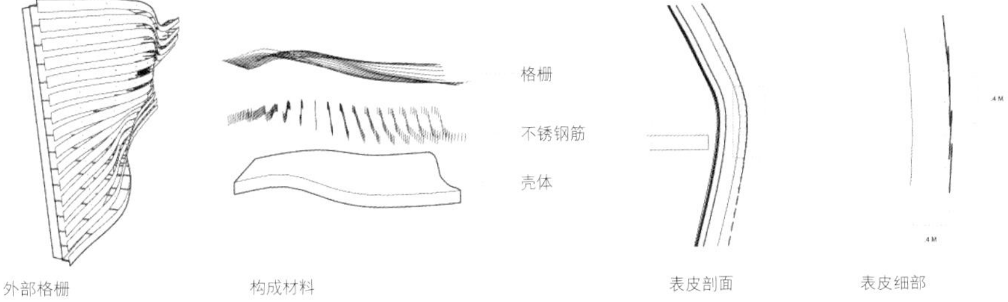

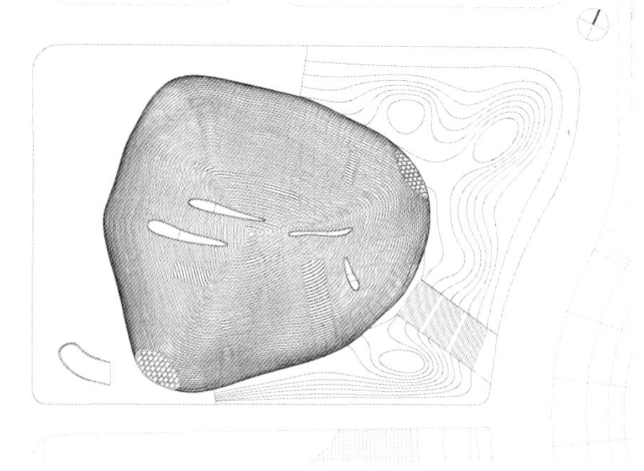
基地平面

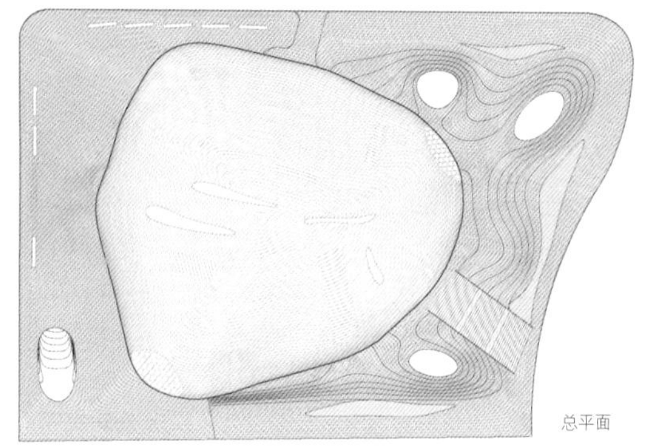
总平面

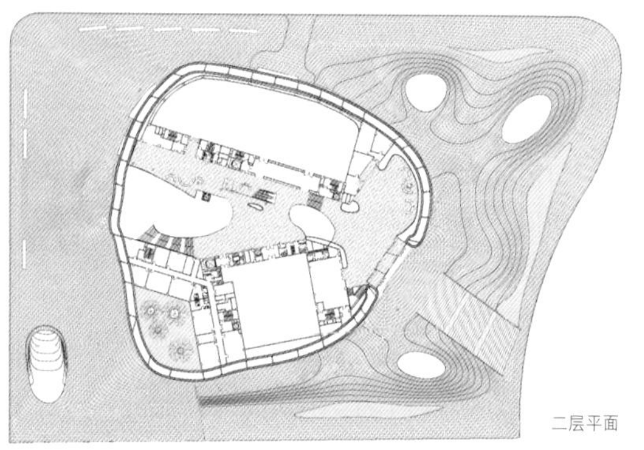
二层平面

三层平面

四层平面

| 1 | 2 3 | 4 5 |
|---|---|---|

1 平面图
2-5 博物馆漂浮在如沙丘般起伏的外墙上

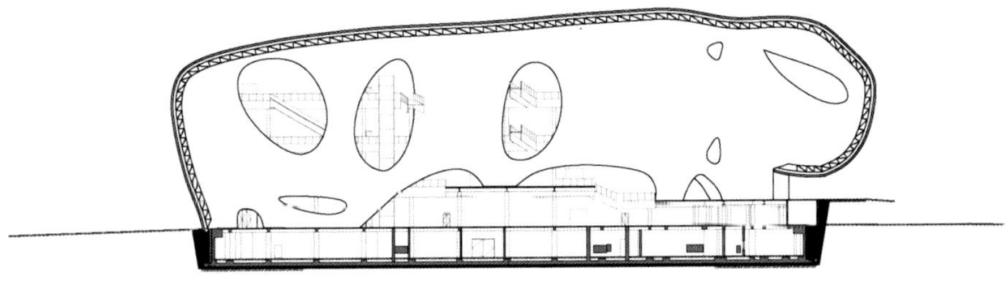

剖面图 1

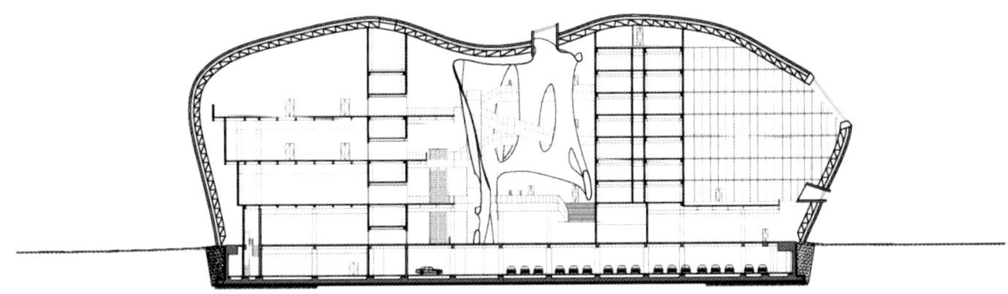

剖面图 2

**1** 剖面图

**2-6** 室内仿佛一个明亮而巨大的洞窟

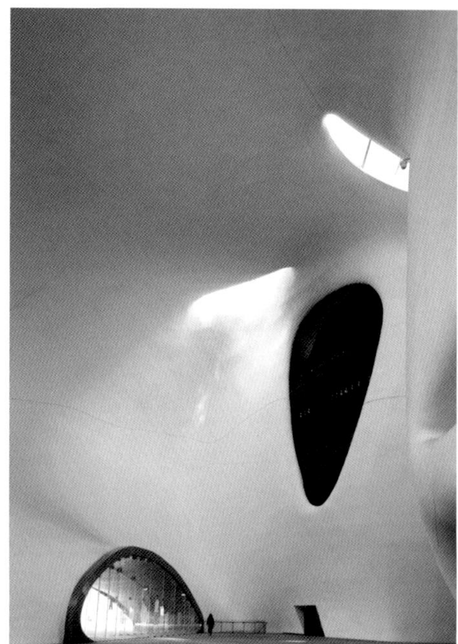

| 1 2 | 3 4 | 5 |

**1-5** 游走室内，仿佛在明亮的峡谷内穿行

# 篱苑书屋

# LIYUAN LIBRARY

| | |
|---|---|
| 撰　　文 | 李晓东 |
| 资料提供 | 李晓东工作室 |
| 地　　点 | 北京市怀柔区雁栖镇交界河村智慧谷 |
| 建 筑 师 | 李晓东 |
| 设计团队 | 李晓东，刘雅蕴，黄承文，潘希 |
| 施工单位 | 王洪利施工队 |
| 项目规模 | 175m$^2$ |
| 建造时间 | 2011年3月~10月 |
| 项目造价 | 105万 |
| 项目捐赠 | 香港陆谦受信托基金人民币100万；潘希女士人民币5万；图书为各方好友捐赠 |

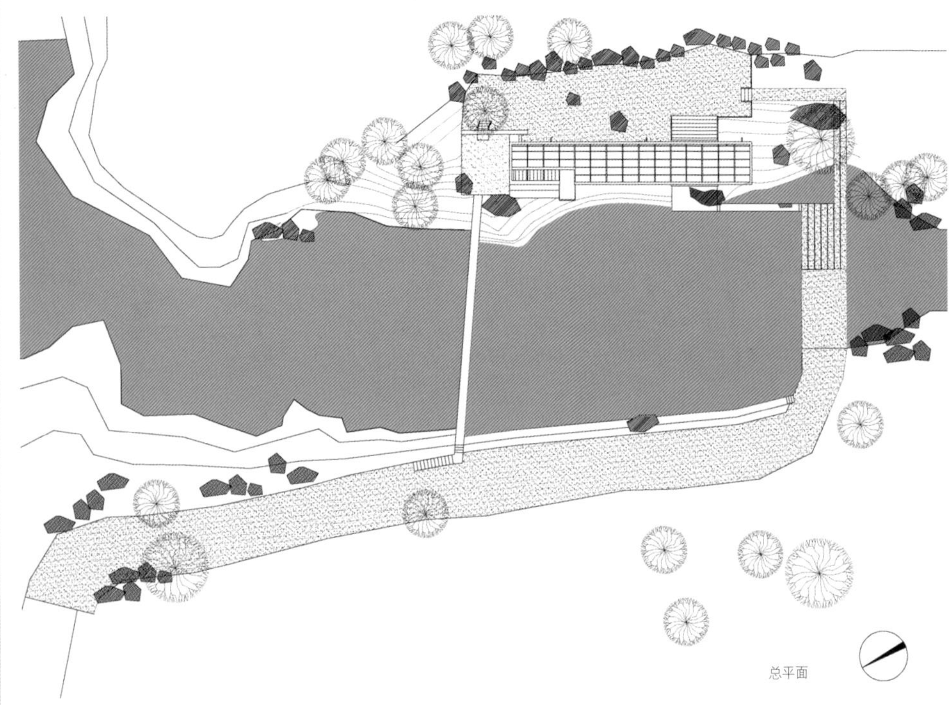


与交界河村的结缘始于一年前的一次同学聚会，在村里朋友的小院里感受到的温馨，让我对京郊这个僻静的山村充满了遐想。

交界河村约有六七十家农户，村民三百余人，盛产核桃、栗子、梨等。此处山清水秀，风景如画，周边与慕田峪长城、箭扣长城、神堂峪自然风景区等旅游胜地相邻，近年来吸引了不少旅游公司投资在此开发旅游线路，向希望远离城市喧嚣的城里人提供租借农房，甚至整改成为他们自己的农家，在闲暇时来此度假。周末，不少来自城里的游客自驾来到此村享受乡野趣味，村里随之衍生出不少提供餐饮住宿的农家院。现在，旅游业、服务业正逐渐成为此村的经济收入来源，然而，对于乡村风貌的保护与旅游项目的开发仍存在有待挖掘的创新思路。恰逢香港陆谦受信托基金捐助 100 万元支持农村项目，我于是决定在村里建一个书屋。

篱苑书屋坐落在交界河村一处背山面水的荒地，书屋工程于 2011 年 1 月正式启动，经过两个多月的设计，于 2011 年 3 月 29 日正式开始施工，并于 2011 年 10 月竣工交付使用。建成之后，书屋可以向游客及村民提供免费的阅览读物和空间，同时亦可作为游客及村民相互交流的一处清舍雅苑。

篱苑书屋所处基地背山面水，景色清幽，一派自然的松散。设计构思旨在与自然相配合，让人造的物质环境，将大自然清散的景气凝聚成为一个有灵性的气场，营造人与自然和谐共处、天人合一的清境。场地前的水面，水边栈道、卵石平展的铺排以及篱笆（取自漫山遍野的劈柴棍）围合的空间，让书屋本身与自然环境结合成浑然的一体。场景中，它们既遮阳又透光，同时亦展现出强烈的地域特性，书屋也因此取名“篱苑”。

因为我一向喜欢简单的体量，篱苑书屋也不例外，是个长 30m、宽 4.35m（轴线）、高 6.3m 的长方体，总建筑面积 170m²，局部二层，主体结构采用（mm）100x100 及 100x200 的方钢作为主要结构构件，每两米一根柱子，以焊接方式连接。外围护材料使用钢化玻璃。立面上以 900mm 为模数，每 900mm 焊一圈钢框，中间插上柴禾杆。室内采用合成杉木板装修，900mm 的空档从中间分成两半，做成书架及供读者席地而坐轻松阅览的大台阶。室内空间的构成简单直白，主体空间由大台阶及书架组成，书就摆在台阶下面，成为主要的看书空间。另外在书屋的两端，各有一个下沉式的相对独立的围坐、讨论空间，几个空间其实是一整个 30m 通长的大空间，相互之间没有任何隔断，没有任何家具，突显了空间的完整性。唯一的一处隔断是从混凝土大门洞进入室内时的门厅，浓缩的入口空间为接下来的主要空间做了“经典”的铺垫．走进书屋，书的排布随意而易取，读者可以任意随手抽取自己感兴趣的书，任意就近找到一个舒服的座位静心阅读，阳光透过夹在立面及屋顶玻璃当中的柴禾杆将窸窣的影子投射到室内的空间，明亮而温和，微煦和风在室外将室内的影子吹动得婀娜婆娑。在这样的环境里，村民及游客将会得到最自然惬意的阅读体验。

由自然产生的建筑到成为自然的一部分，篱苑书屋自始至终贯彻的设计思路是将人为的介入消隐在与自然的对话中。形体的简单但又不妨碍对话的丰富，步移景异透射出的是对传统的当代诠释。END

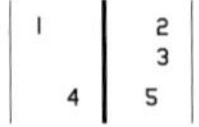


1-3 平面图
4-5 篱苑书屋背山面水，景色清幽

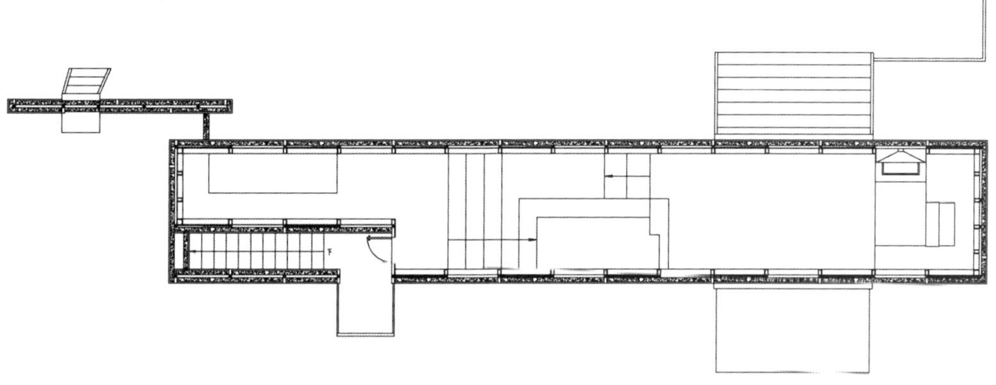

二层平面

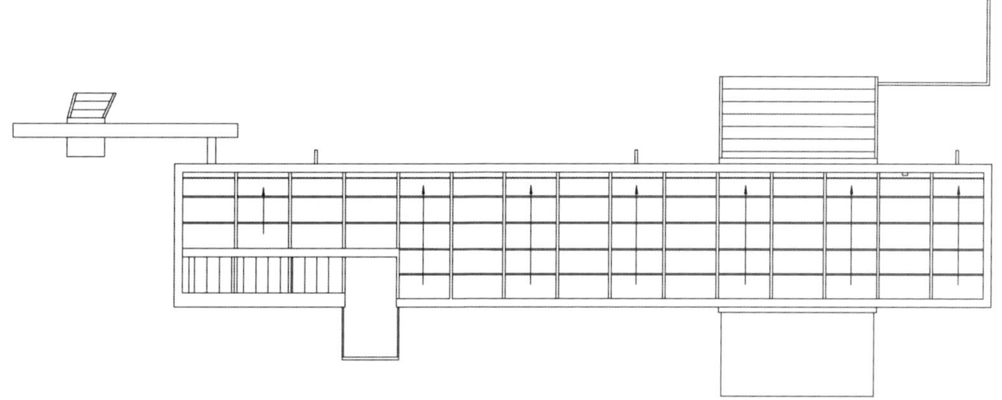

屋顶平面

| 1 3 | 2 |

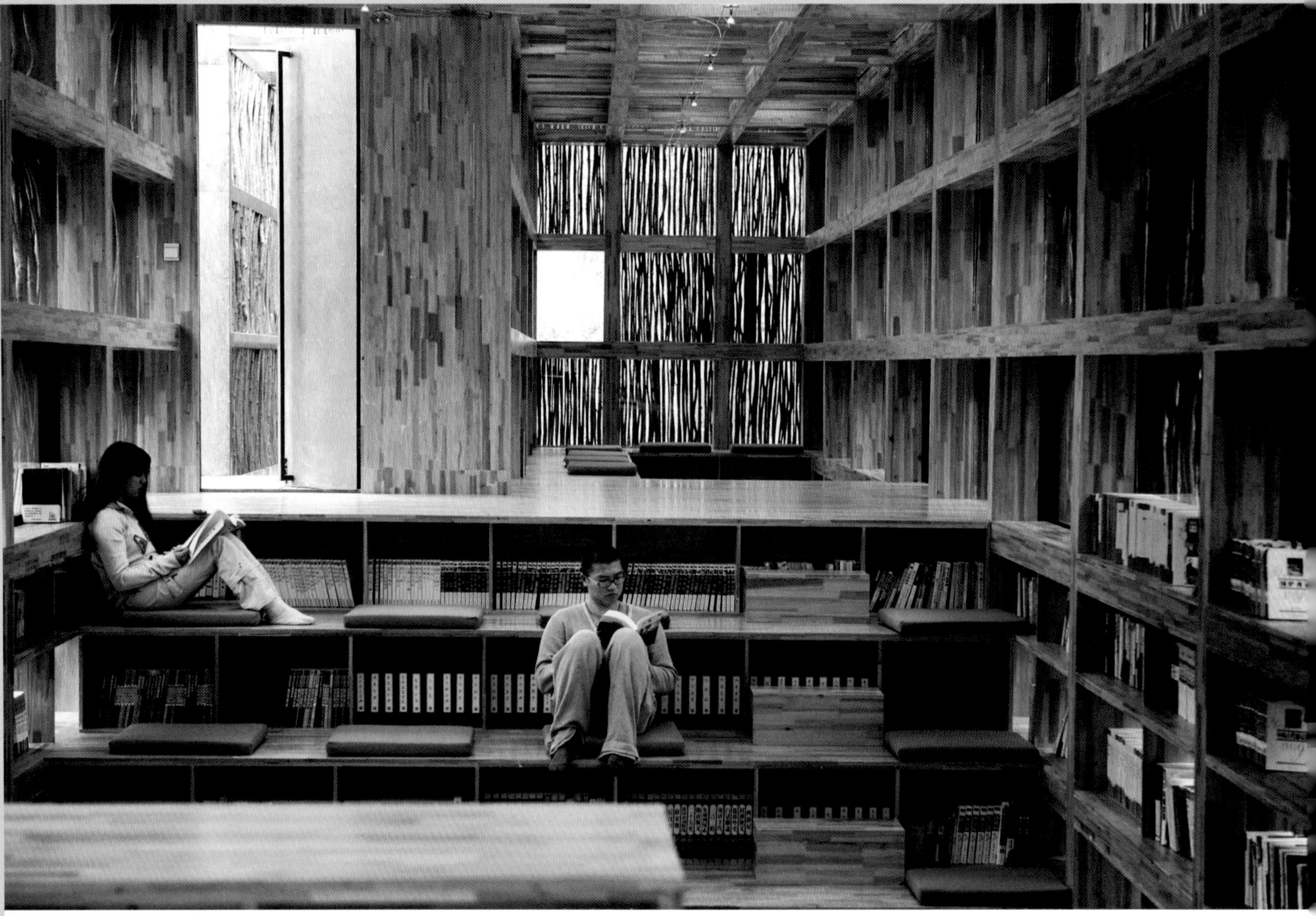

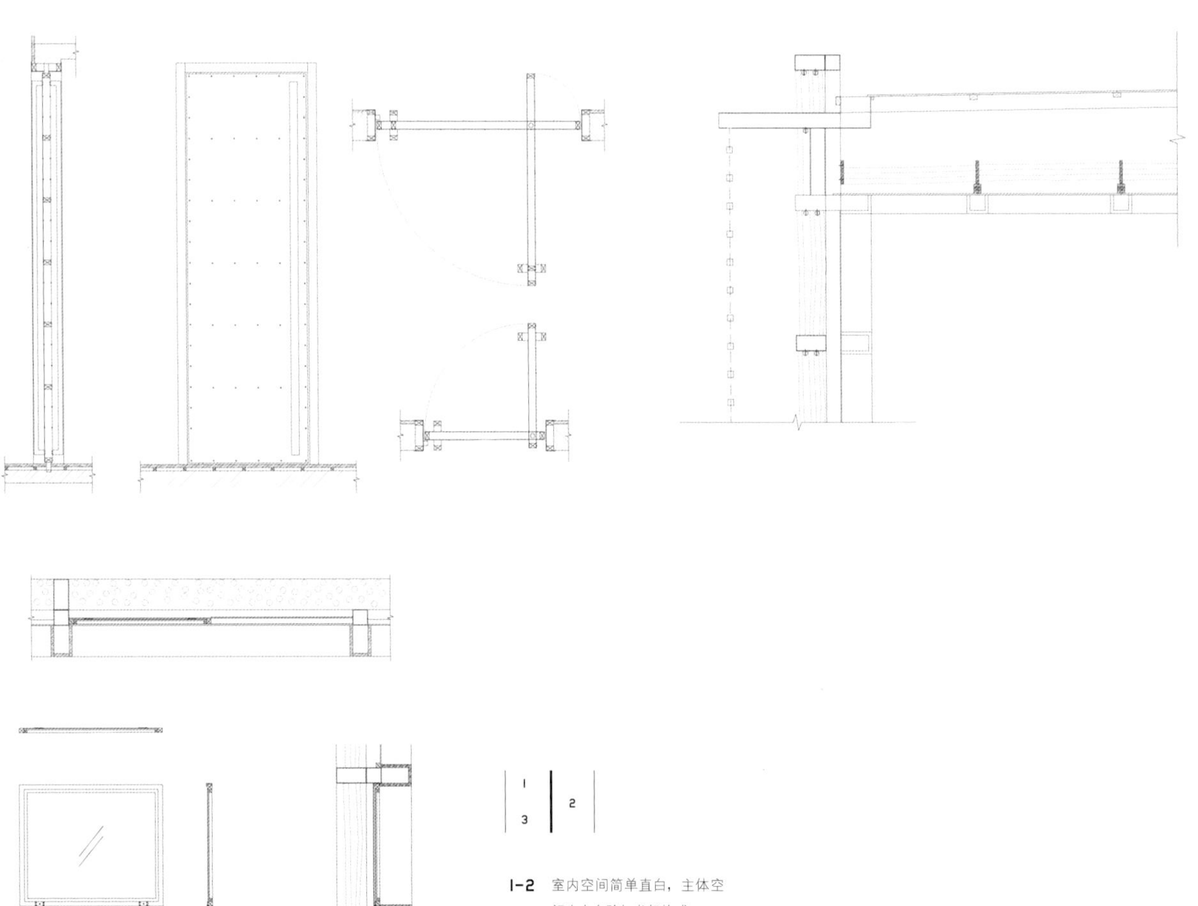

**1-2** 室内空间简单直白，主体空间由大台阶与书架构成

**3** 节点详图

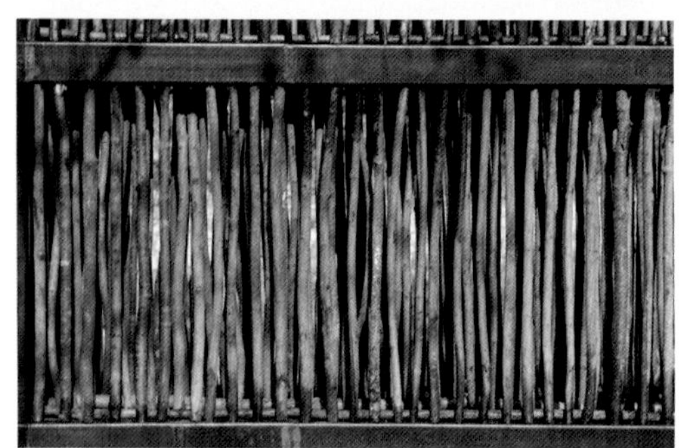

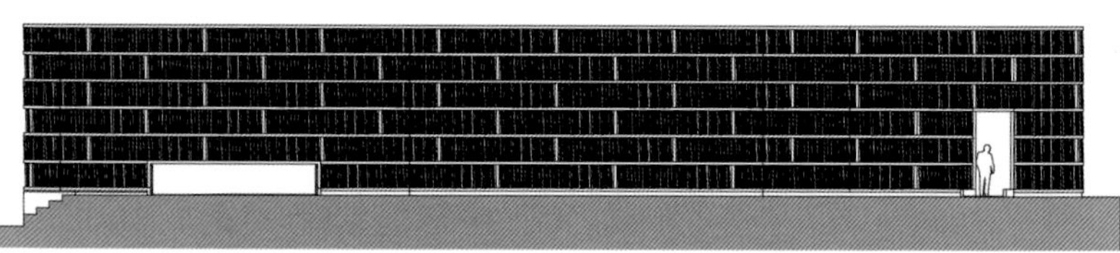

东立面

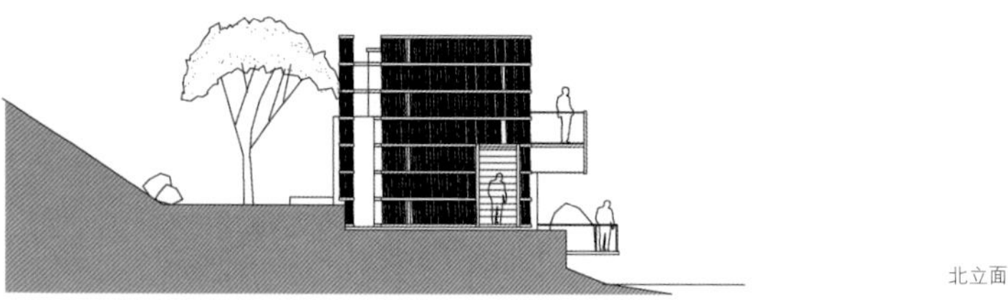

北立面

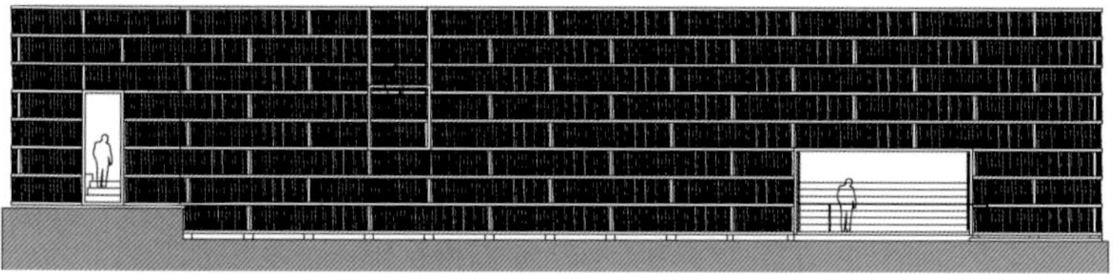

西立面

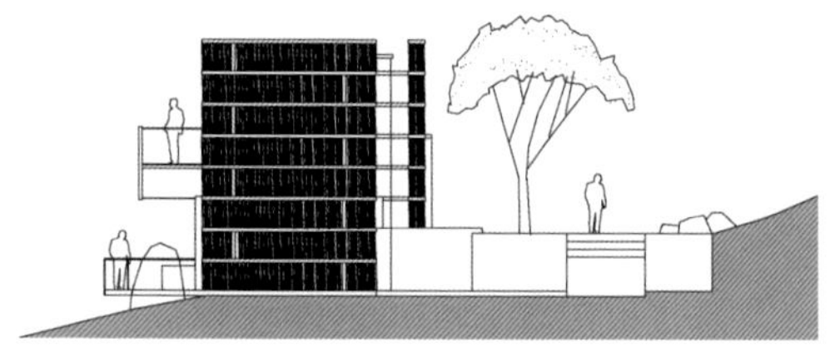

南立面

**1-3** 篱笆取自漫山遍野的劈柴棍
**4** 立面图
**5** 剖面图
**6-7** 书屋本身与自然环境融为一体

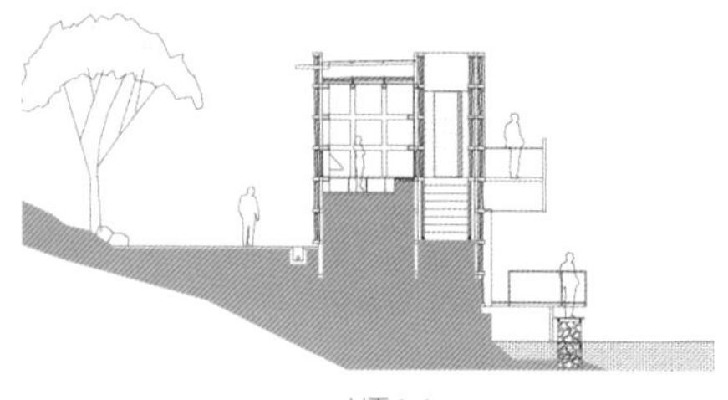

剖面 1-1

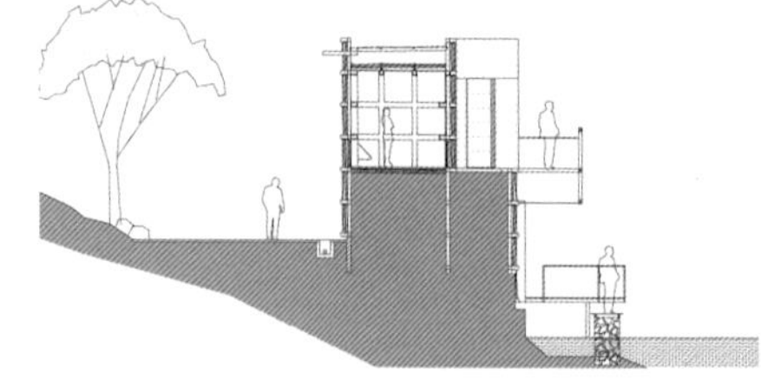

剖面 2-2

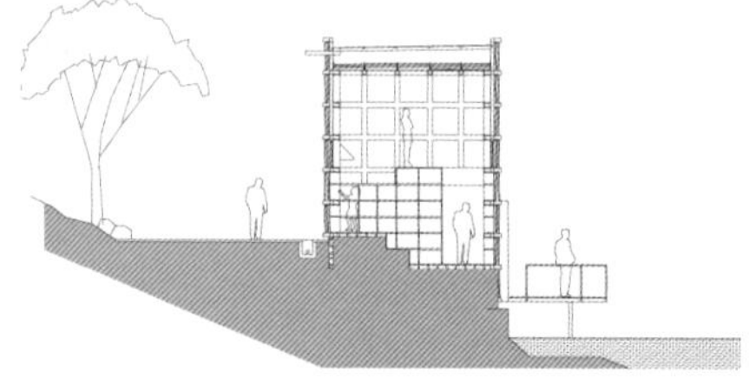

剖面 3-3

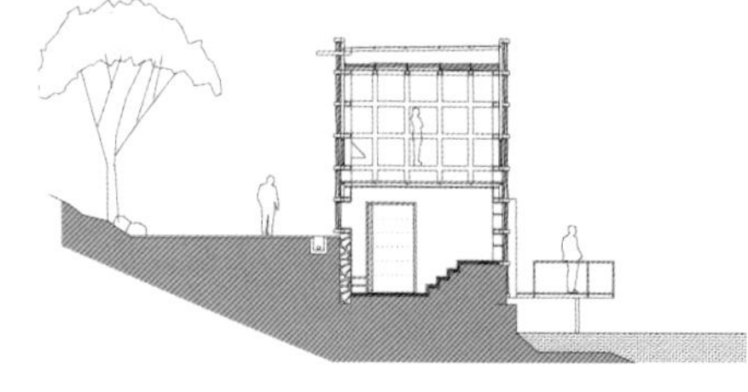

剖面 4-4

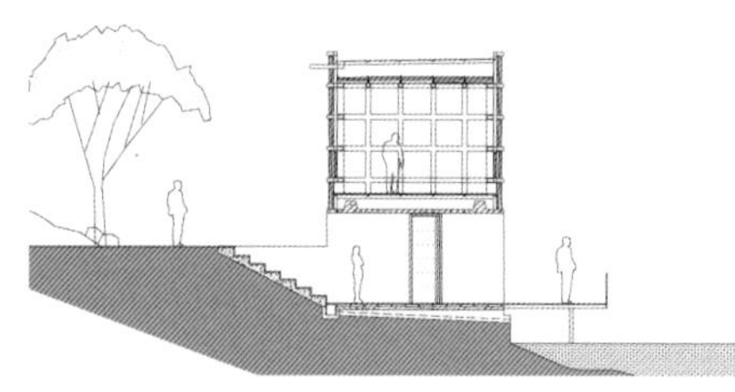

剖面 5-5

# 极食餐厅

# G+ RESTAURENT

撰　文 | 俞挺
摄　影 | Vicco Wu

地　点 | 上海浦东证大喜马拉雅中心地下一层
设　计 | 俞挺，金瑞
面　积 | 200m²

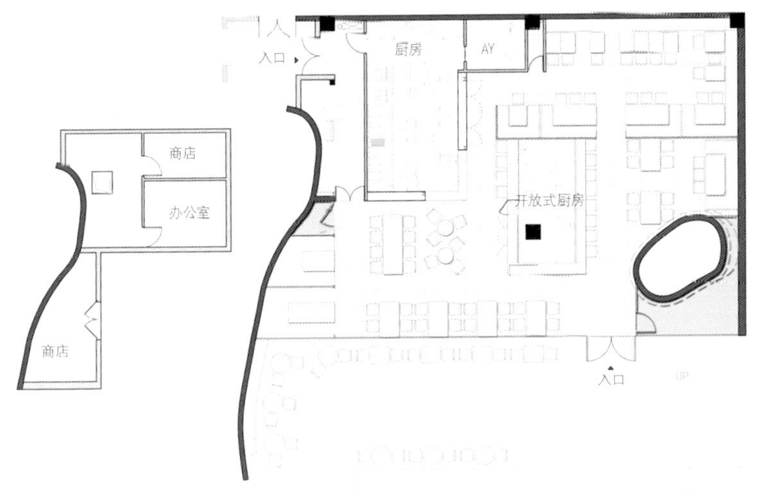

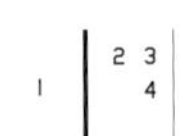

1 餐厅
2 平面图
3-4 餐厅外观

挑战

餐厅面积不大，才 200m²，在喜马拉雅中心最具特色的张牙舞爪的异形柱所形成的架空空间的地下一层。

矶崎新的异形柱破坏了餐厅的方整，让实际的使用面积变得更小，而且由于结构承重极限问题，亦无法让业主通过加建来大规模开发夹层空间。

在这里，设计师还要安排 100 个餐位，一个开放式厨房和中西兼用的厨房。此外，一进门还有一个不尴不尬的方柱。

树冠

既然方柱是规避不掉的，那就强化它！

餐厅的特色是拥有自主知识产权的室内蔬菜种植技术。并以这个作为餐厅特色，向食客展示即时种植、采摘的蔬菜以及香料，是如何与从世界各地收罗来的食材搭配形成口味丰富纷呈的料理。健康、新鲜、有机和美味。

于是，一个被抽象成伞盖的树状装饰便被设计师确定成为整个餐厅最重要的象征物和视觉焦点。这个直接用木材制作的“树”，有如华盖般遮挡了原本粗糙的方柱。笼盖了整个开放式厨房和入口区域，以一种欢迎的姿态最终成为餐厅的主题。

这棵“树”无论在室外和室内来看，都是无法回避的话题和焦点。设计师对半信半疑的业主保证到，“得树得餐厅”。

事实也是如此。

基调

设计师出于建筑师的职业偏好，放弃了将室内设计的装饰化倾向。以极简主义原则作为底本，直接将材料的色彩和肌理作为装饰展现出来。

色彩以黑色作为基色，覆盖了镜面、地砖和暴露设备管道的顶棚。以金黄色的榆木以及木纹石作为主色，两者形成沉着但优雅的黑金调子，而让餐厅在空间体验上虽小犹大。

分区

入口正对的是开放式厨房，两侧设置有吧台区。开放厨房右侧通道的对面是高凳区。最里面是沙发用餐区。开放厨房左侧是零点区和主厨房。主厨房的上部设计了一个小夹层作为办公。设计师原本想设计大一点的办公区，并安排一个楼梯。经理，那个德国人看着设计师说，房间大，人会懒，楼梯占地方，会减少营业面积。好吧，设计师就只给了他一架爬梯，尽管摔了几次，他倒也不抱怨。

直线

设计师没有被餐厅的有机口号和喜马拉雅中心无处不在的扭曲的、“有机”的异形柱所左右。坚定地用直线和最节省的对位，将餐厅的平立面归纳收容在有限的几个分区之中。

变奏

“树”，这个主题所呈现的迷人的曲线则是这个极简主义底本上的变奏。最大程度地将偏执的极简主义所呈现的单调呆板的机械性变成华丽主题的伴奏，于是整个餐厅由此变得生动活泼起来。

温室

异形柱在餐厅右下角形成了一个不规则的角落，设计师和业主将这里变成一个向室内和室外同时展示餐厅所谓“零公里运输”理念的自给自足的蔬菜种植温室。

业主和设计师还将这种种植技术景观化而使其成为餐厅的装饰，于是吧台、开放厨房的台下空间被设计成香料种植区。此外用于家庭种植使用的 i-plant 也作为装饰陈列在墙上。这种功能和美观以及趣味性兼具的设计，让餐厅具有独一无二的特征，无疑也是一种创新。

趣味

业主坚持将厨房的工作展示出来，于是主厨房利用送餐口的扩大也向用餐区开放出来。而设计师坚持自己的私人用餐体验，在靠近左侧的曲墙上设计了两个包房，垂下帘子便是坐躺随意的私密空间。

在小包间侧壁，业主加了一个小小宠物天地，鹦鹉和雪貂。这是设计师从没想过的，但据实际情况看来，很有趣。

美食

让设计师决定设计这个餐厅的另外一个诱因是，极食餐厅的经理和主厨都曾经在米其林餐厅掌勺过。试了菜后，坚定了美食家设计师的信心，以充满期待的心情，愉悦地设计这个面积不大但精致的餐厅。

这正是业主对设计师的赌博，他坚持邀请设计师的原因是，只有热爱美食的设计师才会出人意表地将他的餐厅戏剧性地表达出来，并让所有人坚信这是家值得体验的创新餐厅。

设计师和厨师做到了。END

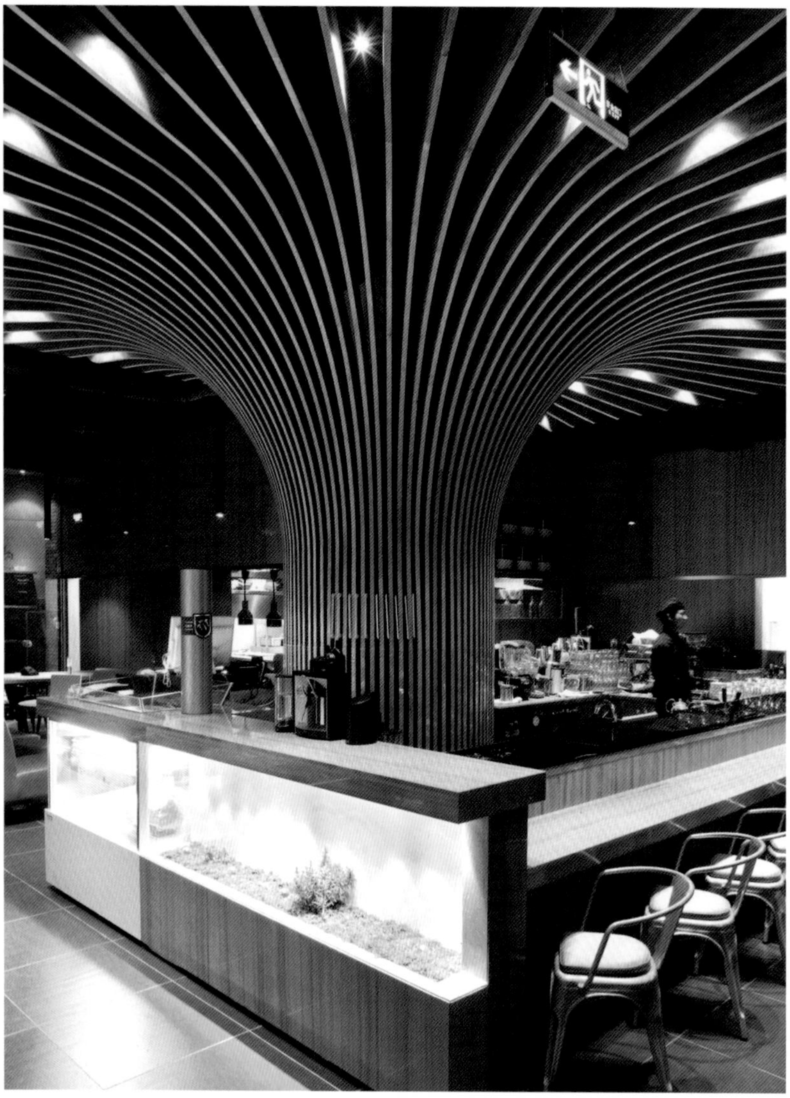

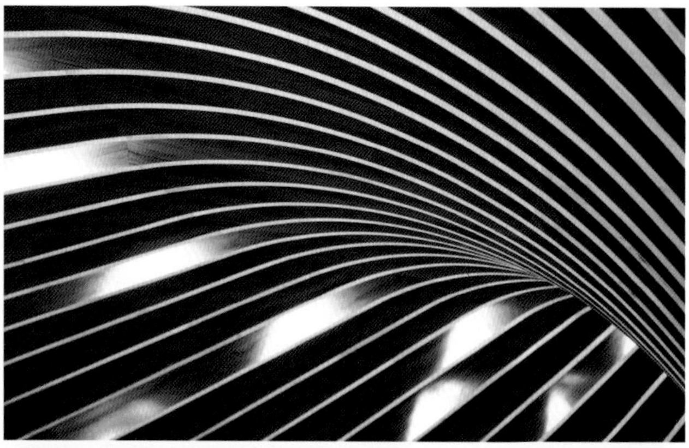

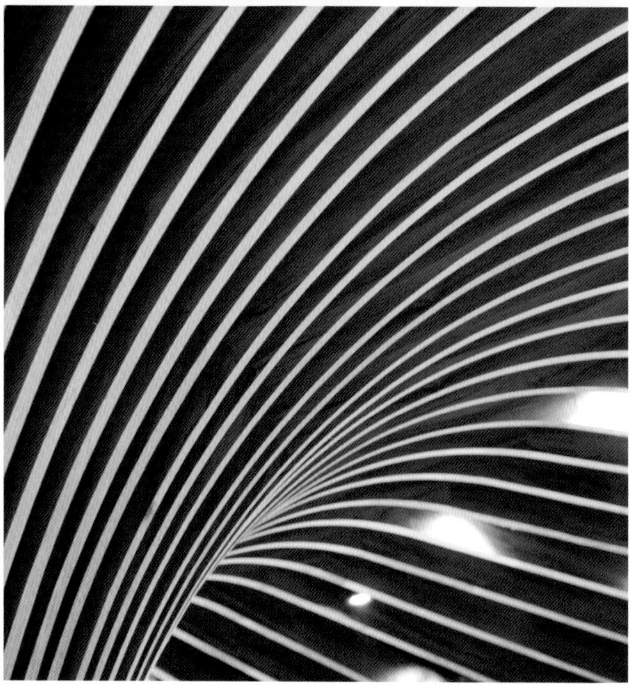

1 树

2-3 树的细部

4-5 无论是零点区还是沙发区，树都是控制性的焦点

6 沙发区，墙上的 i-plant 成为装饰

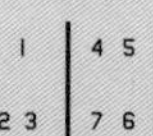

1 不大的零点区
2 开放的主厨房
3 高凳区
4 局部
5 吧台区
6-7 温室，这时种的是蘑菇

# 南宁华润展示中心

撰　　文　陈丁楠
摄　　影　井旭峰

| | |
|---|---|
| 设　　计 | 秦岳明 |
| 助　　理 | 骆建国/何静 |
| 设计单位 | 深圳朗联设计顾问有限公司 |
| 设计时间 | 2011年2月 |
| 竣工时间 | 2011年10月 |
| 地　　点 | 广西省南宁市青秀区 |
| 面　　积 | 1200m² |
| 主　　材 | 桃花芯木、古铜色不锈钢、灰茶镜、皮革、银白龙石材、蒙古黑石材、现代木纹石材、奶油啡石材 |

“秋日静谧的树林，琥珀色的阳光在林间闪烁，跳跃在枝头，星星点点，渐已西行。跟随着被拉长了的褐色阴影，一群归鸟飞出林间，一路飞舞、盘旋，绕过清泉雨露，融入被光圈包围的海市蜃楼。掠过明镜的湖面，伫立着一棵闪闪发光的魔法树，树叶被湖面映射在洁白的墙面，留下恒久的影。

鸟儿已不见踪影，穿越时空，却堕入了森林女巫的魔法屋，交织于梦想与现实的边缘，远处是世界尽头的彼岸。红与黑的华丽乐章，惊鸿一瞥的眼角，凝固了大雁的倩影……”

每个人的内心都有一个恒定的场景，或静谧或绚丽。平行的世界里拥有无数的可能性。犹如打开的潘多拉的宝盒，片刻的凝视，划过天际，拉出时间地轨迹。

是设计师演绎的梦幻，或是梦幻固化为永恒的场景？在这里虽没有特定的传统符号，可那份浓郁的东方情愫却通过空间的节奏，形式的组织，深深的烙印在每个体验者的心头，空间的起承转合也如行云流水般自然而然的流淌。“上帝存在于细节之中”，这里没有主义，没有宣言，没有东西方的困惑，一切都是这样自然而然地水乳交融着。设计者用空间的语言为我们描画出一幅时间的轨迹，一段浪漫的情怀，一个动人的故事以及沉淀心底的那份浓郁的东方哲学。那里是梦想曾经开始的地方，让我们用魔幻的手法为你演绎，共同追寻。END

1-2　室外环境
3-4　入口门厅
5　区域模型区
6　首层平面

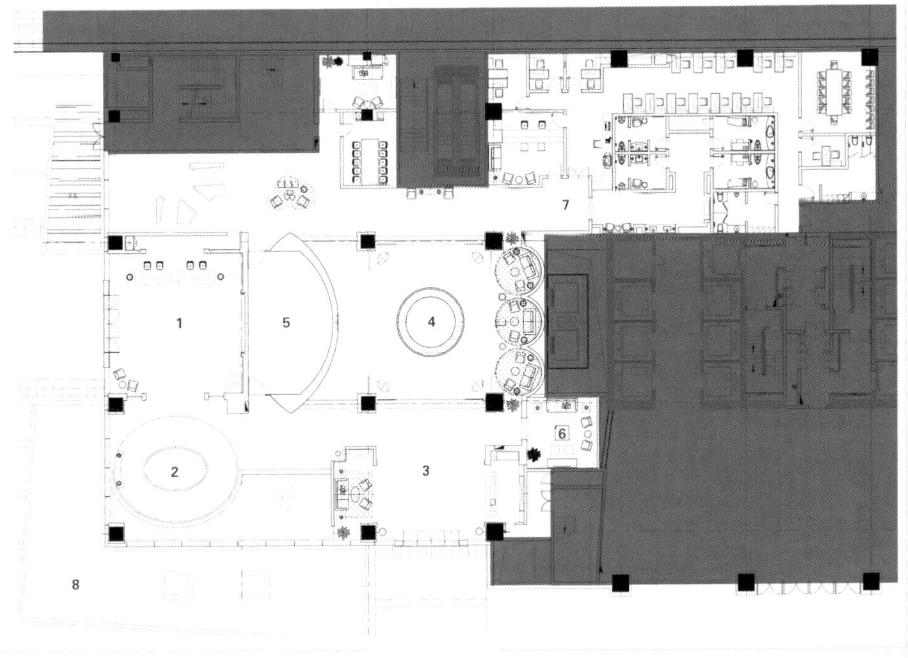


1. 门厅
2. 整体模型
3. 酒吧区
4. 模型区
5. 影音室
6. VIP 室
7. 办公区
8. 景观

| 1 | 3 |
| 2 | |
| 4 | 5 6 |

1 洽谈区
2-3 模型区
4 由吧台望向模型区
5 模型区细节
6 由区域模型区方向看向模型区

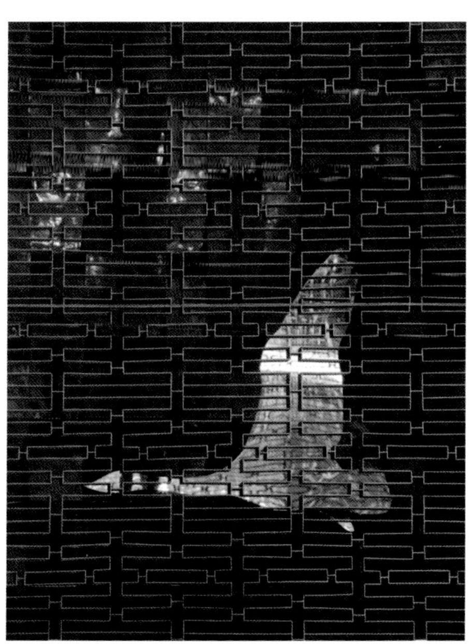

1 5
2 3 4 6 7

1 剖面模型区和模型区之间的休息洽谈区
2 办公区和模型区之间的连廊
3-4 剖面模型区
5 VIP 招待室
6-7 接待区和过厅

# 公园 16 号会所照明设计

# 16 PARK CLUB

撰　　文 | DLLD
摄　　影 | Vicco Wu
资料提供 | 英国大可莱伊照明设计事务所（中国分部）

地　　点 | 北京朝阳区公园路6号蓝色港湾左岸街16号
照明设计 | 英国大可莱伊照明设计事务所（中国分部）

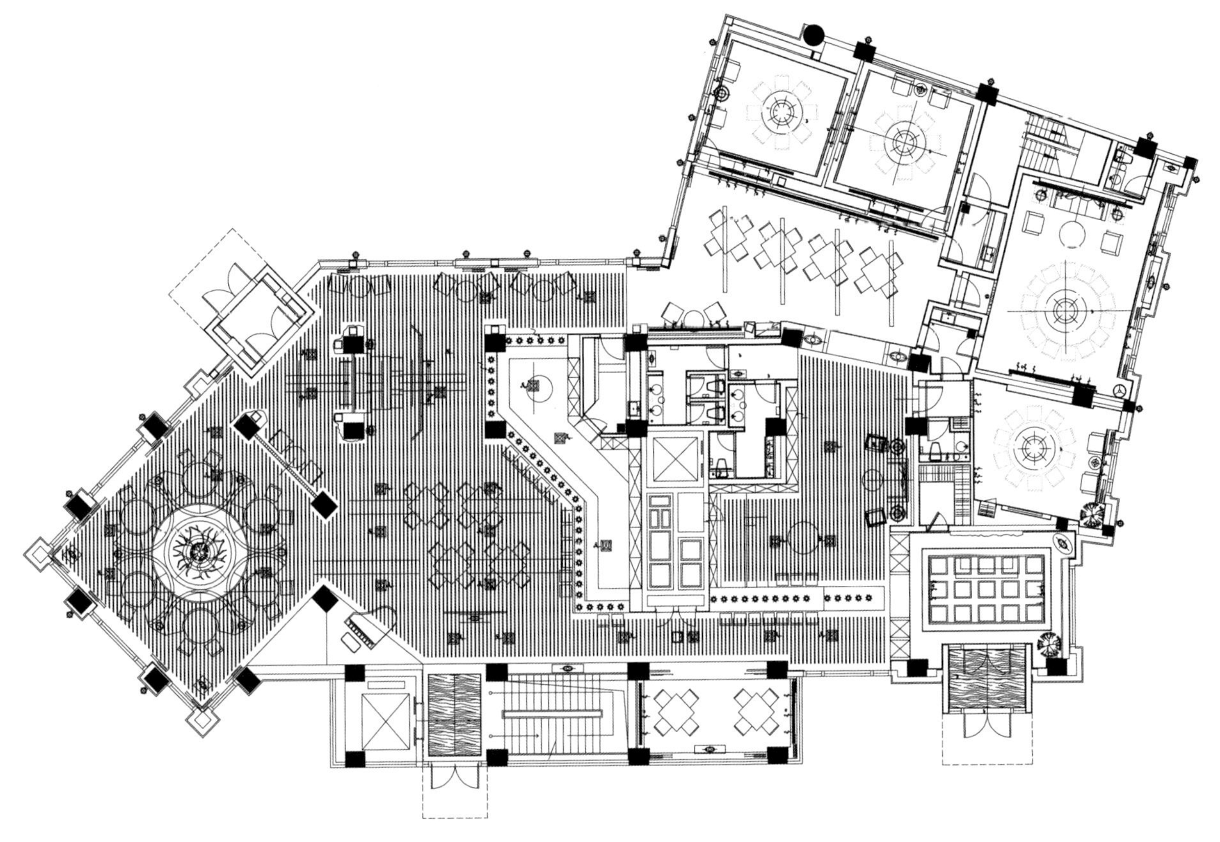

1 外立面
2 平面图

从光说起，在接触光的时候，许多设计师会与我讨论，光应该属于硬装饰元素还是软装饰元素？我认为，光就是光。在自然中，光是由太阳提供。当你抬头看到太阳的时候，你可以把它想成一个发光的光源，大气层则是一个匀光的装置，自然是伟大的光的设计师，他是照明设计的鼻祖，因为你会在阴天的时候不自觉的期待太阳的出现。这里我还想说，光是无时无刻不在左右你心情感受的精灵。

公园16号会所地处北京东部著名的朝阳公园中，沿湖修建。朝阳公园蓝色港湾业主在沿湖修建了多个外形相近的别墅小建筑用于商业用途，并有不同的功能规划及分区。16号会所处于其中咖啡吧部分，我们在接触这个项目的时候，怎样才能让这个高档的私人会所的使用者感觉极度的舒适而不是极度的与众不同则成为了我们最大的兴趣和挑战。在与业主的第一次沟通中，业主方谈到他们对照明设计的期望：正确设计光的位置及系统控制。“光凭技术方案不足以改变环境、愉悦心情，除非您的目标仅仅是节能”，如果没有记错，我们是这样说的。

会所建筑地上3层，地下1层。首层作为清吧，接待会员小憩，简单的喝杯咖啡或茶，聊天休闲空间；二层是以各国风情为主题的包房，内部装饰及陈设均符合门边标识的国别；三层为一个整体的大空间中式包房——颐和园，属于极致的中国风格，地下一层设有酒窖和雪茄吧。

我们对会所周边夜晚的光亮度作了考察，建筑紧邻湖面的一面，夜晚基本没有照明；建筑另一面临行车道路，由于整条街规划为咖啡吧，因此，整体建筑周围的环境照度相对较低，所以过于冲突的对比是需要避免的。同样的理念在室内的照明中得以应用，色温及亮度的控制在适当的对比范围之内，恰到好处的表现出了前厅到主通道的空间纵深感。

通道处为增强对比，使空间不那么乏味，也避免仅仅是光斑所形成的指引空间，采用了LOGO投影的效果。当我们提出这个想法时，业主希望可以将“公园16号”的LOGO投在地上，其实最初的想法是做一系列的自然图案。

照明设计不应仅仅是让照明设备满足各种场合的应用，应同时有效的使建筑和室内空间变成艺术品。二层的各主题包房，我个人比较喜欢美式风格和西班牙风格两间，美式风格室内设计除了明显的美式元素的植入：壁炉、樱桃木书架和大尺寸沙发等，在墙壁上的驯鹿头部挂件，给了我们新的灵感。起初，我们是希望控制背景墙的亮度，可以说就是这个挂件改变了我们的最初想法。最终，我们靠近墙壁的上方设计了可调节角度的窄角度光，并不是从一盏设备发出的，而是由三盏配合整体拼接完成的，非常自然，用光绘制的背景成为整体空间的亮点。进入西班牙风情的房间后，就会让你感到惹火和热情，除突出大理石墙面的downlight之外，所有的光都凝聚在桌面上，同时色彩光戏剧的应用在环境中，3000K的暖白光与红色的光相融合，调动着所有人的情绪，舞动着每一个人的感官细胞。

三层颐和园包房秉承了中式先抑后仰的室内建筑风格，当你穿过回廊、书房推开用餐空间的门“复行数十步，豁然开朗”。室内20人的餐桌上方，为穹顶设计，餐厅水平面照明有穹顶结构中下照的嵌入式射灯满足，而垂直面照明则由壁灯予以补充。光源均采用显色指数较高的光源还原菜品本色。唯一的遗憾是穹顶部垂下的灯具，最初是中式宫灯，而最终采用了西式水晶灯。

现场的图片可以真实的反应现实，但或许这些图片未能表达设计团队所描述的设计方法和空间真实的质量。总而言之，一套清晰、真实、令人兴奋的照明设计方案，在具体的实施阶段一定会做出一系列的让步。END

| 1 2 | 4 |
|---|---|
| 3 | 5 6 |

**1-2** 首层的清吧，接待会员小憩

**3** “公园 16 号”的 Logo 投在地上

**4-6** 地下一层的酒窖和雪茄吧

BUSINESS
公園16號

1-8 各个不同包房风情各异，展现不同特色

# 绿色甲壳虫，穿越美国沙漠

撰　文 | VX
摄　影 | MM

美国人一直对公路旅行情有独钟，一辆看上去有些年岁的吉普车行驶在一望无际的公路上，载着三五好友上演一场奔向自由疆界的西部之行。这种旅行方式代表了一种青春的活力和自由的感受，隐伏的种种不确定因素使之成为人生的缩影，既有浪漫又有风险。但如今，美国的公路旅行已不再是赶路的风景，简陋的汽车旅馆已升级成原汁原味的高级度假村，而这也是美国公路旅行的新时髦所在。众多结合当地文化的度假村纷纷入住，为美国的公路旅行带来了一次全新的变革。

此次的行程由南向北，一路穿越了国家大峡谷，而我则选择了开设在大峡谷南端重镇塞多纳（Sedona）的魔力度假村（Enchantment Resort）和峡谷北端的犹他州与亚利桑那州交界处的Amangiri。其实，近些年来，在人迹罕至的风景胜地建造高端度假村，早已是一个国际潮流，在长长的公路上，行驶在这条充满黄沙、尘土和岩石的道路上，公路两旁的景致也由最初的南边的郁郁葱葱的红色岩石转变成苍白而有张力的沙漠荒野。在这个空旷、没有起点和终点的地方，有着被夕阳染红的绝壁、纯净的空气以及紫晶色的地平线，不过，这片本为美国电影业钟爱的魔幻天空如今又再次赋予了人们接近神话般的度假享受。

## 孤独公路

同伴的临时爽约令我有了一丝的恐惧。这份恐惧来自于陌生，也来自于未知。对我来说，在这片陌生的土地上自驾一周，穿越气候恶劣的国家大峡谷与荒漠，并不是件容易的事，而在国内藏区的旅行经验令我对此行的路况以及突发状况都忧心忡忡。

飞机降落到亚利桑那州的凤凰城机场后，怀着忐忑的心情，我还是硬着头皮来到了事先预定的租车公司。孤独之旅让我放弃了越野车。确实，在大多数人的印象中，美国粗犷的西部之旅确实应该有辆够 Power 的车。但久居美国的朋友告诉我，其实哪怕是众多地势险峻的国家公园内部的公路状况都非常好，只要不走那些地势险峻的土路，对于普通的自驾者来说，轿车足以应付，而这些土路也不是租车公司的普通 SUV 可以应付的。那些狭窄的连续弯道路况却反而是应该多加留心的。

选择甲壳虫无非是因为其外形，其卡通般的形象融合了德国人的浪漫情怀。不过，事实证明，我的选择是正确的，2.0 的动力系统以及其扎实的底盘令我在整个驾驶过程中有如驾驶一款小跑车般酣畅。因为是双门轿车，所以甲壳虫的空间设计主要是为了保证前排座椅，这也是双门轿车的惯例。高高拱起的车顶为前排乘客提供了极大的头部空间，而在这辆紧凑型的小车之中，你不会有丝毫的局促感，反而感觉四下都很通透、视野开阔。还有就是，车身结构决定了驾驶者几乎处于车辆纵轴的中部，这正是最为舒适，而且最易于驾驶的位置。在三幅式方向盘的后面，是一个大半圆的组合仪表，最醒目的当然是速度表，驾驶时观察速度很轻松。

# 西部红岩

从凤凰城机场沿着高速，一路向北，就可以到达塞多纳，89A 公路和 179 号公路的交会处正好在城中心。这座小镇却绝非一座平凡的城市。深红色的砂岩土地上点缀着尖尖的高塔、广袤的沙丘和平顶山，秀美的风光足以与任何一座国家公园媲美。从 1940 年代到 1980 年代之间，好莱坞在此地拍了四五十部西部电影，而灵媒大师也在旁一直加油添醋，一直宣传这里是地球灵气的中心。如今，这座有着优美风光和神秘气息的小镇一年到头都吸引了无数游客蜂拥至此，这里也成为了闻名全球的疗养胜地。

魔力度假村是这个小镇的一朵奇葩，这里最出名的莫过于魔力 SPA，它能让人们享受到塞多纳美景的同时，也能通过豪华的水疗设备来充分打理了客人们的身体。度假村里所有的建筑都依偎着红色峡谷天然的斜坡，线条简洁而体量巨大，建筑的色彩和所使用的风干坯砖、木头、本地石板等材料都与周边环境融为一体。设计师似乎在蓄意唤醒人们对阿那萨齐人灿烂建筑文化的追忆，除却这些外部形态的呼应，内部空间的设计也不断引入原住民美国色彩，手工编织的地毯和水磨石地面等各种元素一起加强着建筑的浓烈风情。

塞多纳周边遍布红色山岩，衬着西部的强烈阳光，风景神秘而壮观。酒店周边的红色山岭连绵不绝，在蓝天白云绿树的衬托下色彩十分明艳，我即兴地拐入了一条土路。当时，天气干燥，土路也比较好走，虽然我也不确定这条路通向何方，但公路自驾旅行的乐趣不就在于不确定性吗？何必拘泥于事先拟定好的计划，在西部荒漠中任意驰骋，没有比这个感受更好的了。这片红色的土地上，丘陵连绵起伏，晴朗的天空下，有着岩石美丽的纹理，虽然，我并没有弄清楚那些著名的峡谷名称，也没有前往著名的地标景点，但这种粗犷壮阔的美，早已震撼了我的视觉。闲逛了一天后，在靠近塞多纳的机场路，停下来欣赏夕阳西沉的风景则成为今日的最后一站，落日为天空描绘出了一幅奇幻的图画——岩石在明亮的红色和紫色的天空下泛着奇异的红色和橙色的光芒。

## 犹他荒漠

从塞多纳一路向东北方向行驶，这里的峡谷很狭窄，里面有红色、橙色以及白色的悬崖。道路在矮松和狐尾松树丛中蜿蜒，灿烂的阳光洒落在林间，峡谷的风光若隐若现，因此沿着公路驾驶，沿途都能欣赏到奇妙的风光，还能通过阅读解说标志了解峡谷的特点和地理状况。蜿蜒曲折的山路也让我产生了驾驶的快感。因为宽胎提供了优良的抓地性能，加上出色的底盘调校，使得我在很多弯道上基本都可以把侧滑的担心忽略掉，即使入弯速度稍显过快，ESP 与 ABS 的配合也相当默契，只要及时减速，快速通过弯道易如反掌。同时，因为悬挂的行程相当短，过弯时倾侧的程度非常小，即使面对一些直角弯也无须担心。在整个行驶过程中，车子依然稳定并且给人安全感,方向盘始终是在我自己的控制范围之内。

当车行至惊人美丽的犹他荒漠时，是我在这次旅行中唯一感觉到害怕的时候，这片废弃的摩门拓荒者村落的面积非常大。这片土地有种惊人的美丽，它仿佛不属于这个星球。这里几乎都是石头，在有的路段，公路就修在光秃秃的石头顶部，左边右边都是悬崖，而公路两旁也没有护栏。天气非常狰狞，那种感觉就仿佛是 2012 的前兆。而更加重我恐惧的是，前后一辆车都没有。

所幸，我还是发现了那块并不起眼的木质牌匾——Amangiri。沿着木牌上的指示方向，通过一条蜿蜒的道路，下降到山谷中时，与灰色岩石材质相近的一排度假村就会出现在眼前。这里惊人的地貌还是令我惊艳了一把。基地中一座巨石成为了整个度假村的焦点，围绕其凸出部分建筑师设计了主要的游泳池以及用砂岩铺砌的小广场，周围是接待、餐饮、会客厅等主要公共功能。被沙漠包围的露天泳池，直接将岩石围拢在泳池之中，这是在沙漠干旱寒冷之地接近神话的享受，让人们在享受的同时又能欣赏到沙漠美景。

天气稍好时，在这块不毛之地周围，有着令人眩目的壮观景色，不加矫饰而粗犷豪迈，那种美丽苍凉而粗糙，不过，更能打动人心。目光所到之处，色彩斑斓，比 64 色画笔的种类还要丰富。我时常会纠结，究竟是找一个安静的角落坐下，观察这不断变化的“万花筒”，还是去少有人徒步的地方远足成为了一个两难的选择。其实，大峡谷是对自然伟大力量的最好诠释，峡谷底部的岩石已经有着 20 亿年的岁数，是科罗拉多高原上最古老的岩石。站在大峡谷的边缘时，面对着大自然的宏伟壮观，那种感觉无法形容，只有置身其中，才能体会。

## 沙漠绿洲

从犹他州前往赌城再回到洛杉矶的行程，其实就是穿越内华达州之旅，不过，这两段路都修得非常平整，大多都是高速。在这里，天地一片苍茫，开快了的时候，似乎都能飞起来。不过，虽然是荒漠地带，但是各种植物却把荒漠装点得生气勃勃，令远处的土地呈现出绿色。同时，这些沙漠植物还起到了很好的固定土壤保留水分的作用，空气中并没有太多沙尘，还是十分清澈，而沿途风化裸露的岩石呈现出不同的颜色。

金碧辉煌的拉斯韦加斯则是南部的塞壬之歌，许多人快乐地迷失在这个永无休止的霓虹世界里。拉斯韦加斯大道（Las Vegas Blvd）是南北向的主干道，从拉斯韦加斯北部往南通往机场。城市区域以南的区域叫拉斯韦加斯大街，简称“Strip”，而大型带旅馆的赌场都集中在该区域。从一端开车到另一端，至少需要 15 分钟，如果堵车的话，时间就长了。

这座美国的传奇之城是个一刻不停的纵欢地，精力充沛的花花公子和嗜酒如命的瘾君子在这里彻夜狂欢。拉斯韦加斯比传说中更加放荡，无论你是沉迷于自动贩卖机，还是二十一点，它都能看穿你的本质。在这里，人们很容易迷失自己，这里根本不需要时间和刻度。美酒就像水一样川流不息。

进入 21 世纪后，拉斯韦加斯却在从埃及金字塔到巴黎铁塔的世界各地名胜之外，建造了真正属于自己的地标——城市中心（City Center）。这个由八组世界知名的建筑师团队打造的不同风格的庞然大物包括包括 2700 套私人住宅、两个 400 客房的精品酒店、一个巨大的 60 层、4000 客房的度假赌场酒店和大约 50 万平方英尺的零售与休闲设施。城市中心不仅在建筑形态上标新立异，同时也是一座绿色城，一切从节能、环保、人性化出发，得到美国 LEED 认证，这里居然还拥有自己的发电机构，大有“城不惊人死不休”的气概。

Tips:

路线提示：凤凰城——塞多纳——犹他州——拉斯维加斯——洛杉矶

1. 美国的路况非常好，只是部分国家公园内的公路冬季关闭，只在 5 月与 10 月之间开放。许多国家公路都穿越国家公园，建议购买国家公园年票，售价为 80 美元，可持续使用一年时间。

2. 驾照：在美国租车并不需要驾驶证的公证件，只需要出示中国国内有效驾照即可。

3. 诸如 hertz、avis、dollar 等租车公司都有网上预订租车服务，租车费用与保险费用是分开计算的，GPRS 也是另外计费的。

4. 美国的公路都是以数字编号，而出口也是以数字编号的。而许多国家公园内的公路通常会在冬季关闭，从 5 月到 10 月开放，具体路况可致电 8004277623。

5. 靠右行驶，但看到 “Stop” 的标志时，就必须停车，确认左右都无来车或行人后，才能继续行驶。高速上随时都有便衣警车潜伏测速。END

学历

1990，重庆建筑工程学院
建筑学学士学位

1993，同济大学
建筑学专业工学硕士学位

1997，同济大学
建筑学专业工学博士学位

工作经历

1997～2001，
同济大学
建筑城规学院 讲师

2000～，
《时代建筑》杂志
专栏主持

2001～，
同济大学
建筑城规学院 副教授

2004～，
《世界建筑》杂志编委

2007～，
与伍敬一同创立上海博风
建筑设计咨询有限公司，
并开始建筑实践工作

2011～，
同济大学建筑城规学院
教授

# 王方戟：理想的影调　遮蔽掉现实的繁琐

撰　　文　徐明怡
资料提供　王方戟

ID=《室内设计师》
王 = 王方戟

# 那个文艺的大学时代

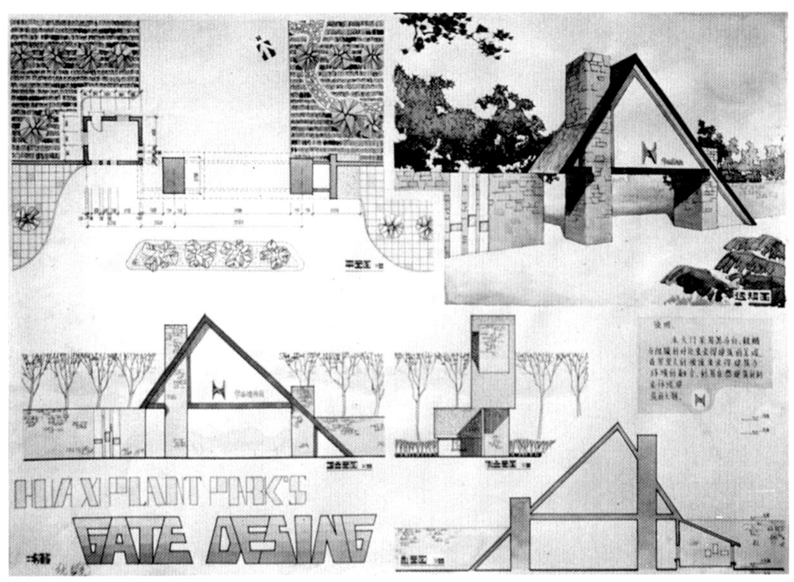


1986 年，公园大门设计，本科课程设计，导师，周波

**ID** 您的本科是在重建工读的，当时学校的氛围是怎样的？

**王** 我们念书的时候，和现在不太一样。当时，国家还没有完全对外开放，不像现在，国家的经济发展后，尤其是像上海这样的沿海城市，对外学术交流也更多些。那时候，重建工没有频繁的对外信息交流，但是有着比较稳定的教育文化。虽然按照现代的观点来说，可能会认为这种教育文化比较“死”。我想，类似这样的教育文化当时在同济应该也差不多，并没有太多的地域差异。那时候大家也没有什么项目做，于是就有很多时间聚在一起讨论专业内外的问题。

**ID** 本科阶段，印象最深的是什么？

**王** 给我印象最深的就是当时教我们的那批年轻教师，比如汤桦、罗瑞阳等。那个时候，我们这批学生都非常崇拜他们那个年龄段的老师。他们和我们的年龄非常相近，传递给了我们很多专业的信念，而不仅仅是做设计的手法。用现在的眼光看，他们都是标准的文艺青年，对哲学、现代艺术、现代诗学等都非常热爱。他们将对这些事物的喜好也带到学生中来，并激发了学生中对这类问题的讨论。

**ID** 当时这些年轻的老师带来的国外的新鲜事物，对你们又产生了怎样的影响？

**王** 当时，我们都沉浸其中，会互相传阅一些小说。其中，阅读率最高的就是博尔赫斯还有卡夫卡的小说。在当时的概念里，我们就觉得这些都是国外的先进事物，但现在回想起来，当时的“国外”是一种笼统的国外。所谓的现代性其实是种“压扁的现代”，一种没有任何地域差异以及时间差异的现代性。

**ID** 这样的思潮是否会和学校里老一辈的教育方式产生冲突？

**王** 当时，学校里也有很多更年长些的老师，教的是一些比较传统的知识。我们当时都对那套非常抵制，觉得很土，我们更听得进去的是年轻老师的观点，觉得那个更先进。在我们的概念里，时代总是在不断进步的，最现代的、最新的，就是最好的。现在回想起来，当时的思想确实是过于天真了一些。那些年长教师实际上给我们打下了很好的专业基础。

**ID** 你们会读哪些与西方建筑学相关的专业书籍？

**王** 我们当时会读很多专业的杂志，读得最多的就是英国的《建筑设计》(Architectural Design)，这个杂志在我们眼里特别先锋，里面的文章也比较难读懂，读完后，隐约会有些感悟。当时谈的比较多的就是后现代，但是后现代究竟是什么？可能也没几个真懂的。这个状态也许和现在的“参数化现象”有点像，可能他懂的是这个方面，你懂的，又是另外一个方面。那个时候，很混乱，当时，有的学生会把多元的文化与后现代的观念放到设计中去，这样的设计对我们的老师，尤其是稍微有点年纪的老师来说，都是很大的挑战。他们与我们的立场完全不一样，他们普遍受到的是传统教育，他们也不确定我们的设计的问题究竟出在哪里？

**ID** 除了读书，思考问题，上课以外，您的本科时代还有什么特别属于那个年代的印记吗？

**王** 当时还有几本日本的杂志，《a+u》、《新建筑》和《JA》等。首先，日本人的图画得比较细腻，尤其是《a+u》，他们会刊登很多欧洲的项目，比如英国斯特林的项目。当时，很多同学都会模仿他们的画法，这样对画图技巧的提高很有帮助；其次，在我们那个年代，和国外的交流非常少，直接接触更几乎是没有的，难得才会有一个外教来上课。这些杂志就给了我们很多似乎是来自另外一个世界的图像。另外，《新建筑》上会刊登很多国际竞赛的消息。虽然都是日语，不过，日语和汉字很像，我们大概都能看得懂。很多同学都把这些竞赛很当回事情。我们当时都以为，学设计的都会把参加竞赛当成学习的一种主要方式，如今，回过头来看，也就我们那个年代有这样的现象。

**ID** 你们是抱着怎样的心态去参加国际竞赛呢？

**王** 我们其实是希望通过竞赛试图想象一下，猜测一下，国际上的人对建筑是怎么理解的。虽然有的同学，抄袭了某个设计也得了奖。但总的来说，竞赛其实还是有非常积极的意义的，它让我们的眼光不那么局限，让我们看到世界相对广阔的另外一面。我记得有个竞赛的主题是“都市的瀑布”，由弗兰克·盖里做评委。当时他在我们心目中是非常有思想，非常前卫的建筑师。但最终，获得一等奖的方案却是个很实际的东西——一个由混凝土浇灌的瀑布。当时，我们也会抱着揣摩的心态去参加比赛，并通过不断的反思，去理解评委所青睐方案的原因，这个过程给了我们很多启发。像伊东丰雄当时也在很多比赛中担任评委，杂志上都会刊登出这些评委选择方案的原因与角度，我们也能从这些阅读中得到很多信息。

1987 年，商业建筑设计，本科课程设计，导师，尹培桐

# 那些我最后悔的设计

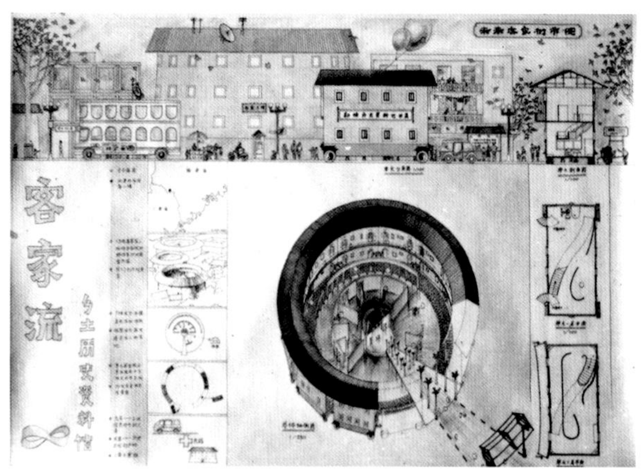

1987年、1988年，第4回三州丸荣建筑设计竞赛，小都市乡土历史资料馆，《新建筑》社，佳作奖，合作：朱涛

**ID** 您的简历非常简单，本科毕业之后，去同济念了硕士和博士，之后留校任教。从重庆到上海，从本科到研究生阶段，有什么改变吗？

**王** 一方面，换了环境；另一方面，研究生和本科生很不同，本科时会有班级的感觉，而研究生阶段就是自己管自己。本科时候，同学们天天在一起做设计，同学之间有团体的氛围，会在一起讨论问题，尤其是专业问题；到了研究生阶段，讨论专业问题的机会就很少，更多的是小范围的，个别的同学会聚在一起讨论一下，这种状况一直延续了很长时间。

**ID** 在硕士学习的阶段，有没有什么印象深刻的事？

**王** 印象最深刻的就是在研究生阶段做的一些项目。那些项目是我后来特别后悔的。当时，有浙江的小老板来找我们做些街面房的设计，虽然看上去他们并不那么严肃，却逼真地把我们的方案都造了起来。但我们当时空有一腔抱负，始终有着愤青的想法，认为自己的设计能力很高，只是业主不行，设计条件也不好。一直没有碰到想要的能恰当表达我建筑思想的建筑。我们认为设计这些街面房是大材小用了，它们也不值得花大力气去设计。所以，我们也没有把这些小房子当作课题去研究，最终这些设计都做得很草率。那些房子建起来后，我就很少有这种能够直接与业主沟通，业主很信任你，并有很大设计空间的项目了。后来，当我更真实地去想这个问题时，就对自己产生了疑问。即使当时真的给了我很好的项目，我是否能做好？其实，我们并不应该有“没有不好的条件”，“没有值得设计的建筑”这样的想法，再不值得去设计的建筑，仔细想想，也会有很有意思的地方。项目本身并没有太大的好与坏的分别。建筑师应该做的，是去寻找项目的突破点，更真切的去理解这个设计任务本身的特点。

**ID** 你是因为没有认真去做街面房的设计而后悔吗？

**王** 不是。问题在于没有把握课题的真实性，过于想用建筑学的框子去套用真实的项目，总是希望将形式与立面套在一个项目上，但却忽视了街面房自身的特点。比如门面上要放广告牌，要放店招牌；又比如场地本身是歪歪扭扭的，我却只是顾着形式，而忽略了基地上的这些弯弯绕绕。当时，我判断事情的角度过于单纯，仅仅从建筑学的角度去看待问题，在有了机会的时候，我没有能力把设计做好，这才是最大的遗憾。

**ID** 什么时候开始改变的？

**王** 博士毕业后留校，也做了一些项目。印象中，当时的很多项目都比较坎坷。后来，我和我们学院当时的院长王伯伟老师一起做了些大学校园规划的项目。这些项目对我有很大帮助，我也学到了如何让设计最终实现。对我来说，校园项目的面积比较大，而且有个相对更宏观的理解建筑之间关系的基础。在学校各个部门之间的频繁沟通，令我也有机会去更多地了解一些机构，了解一群人和建筑师以及建筑之间的关系。这四者间有着很多相似与不相似的地方，他们都会分别按自己的立场来想象建筑。建筑师需要把人与人之间的意识连接起来。我原来只是会作为建筑师的身份，只能关注建筑本身，其实，这种想法太天真了，也很不公平。其他人的意愿只要是朴素而真诚的，建筑师就应该接受，而不是一味地灌输给他们自己的想法。

**ID** 与之前学生时代相比，作为建筑师的你，有什么感悟呢？

**王** 我们必须对业主有提前的认识。我特同意张斌说过的，建筑师和学生最大的区别，在于对项目的预判。你判断得越准，越接近真实的状态，对设计的控制就越真切。刚毕业的学生在这方面能力就比较欠缺。假如仅仅讨论画图层面的设计，我认为，学生与我之间的差别并不大。

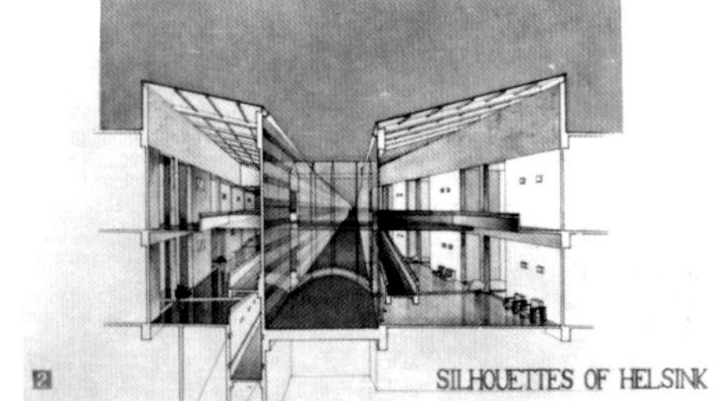

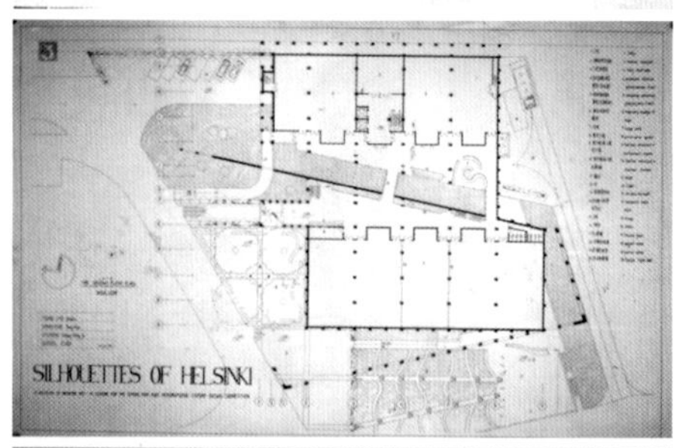


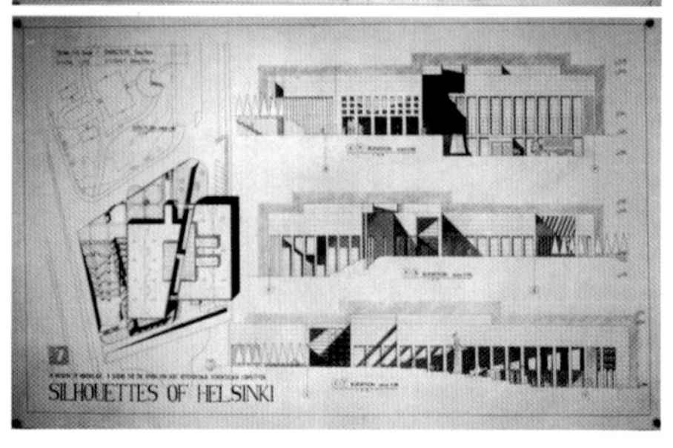


1990年，赫尔辛基艺术馆设计，本科毕业设计，导师，汤桦

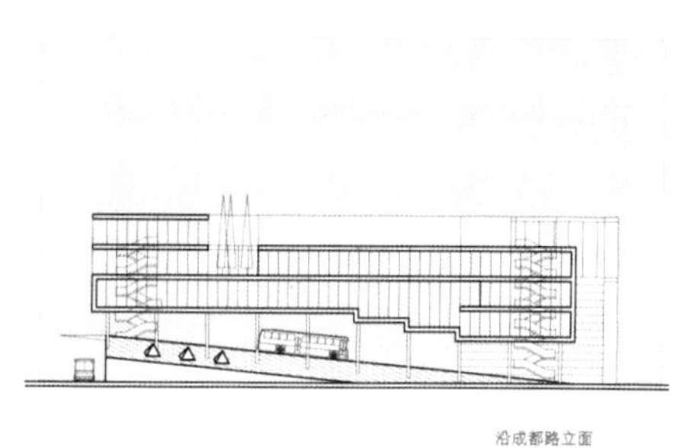

1998年，成都南路大型客车停车库综合楼方案设计，未完成

# 混乱，也是生机盎然

**ID** 您之前提到，像汤桦和罗瑞阳那批年轻的教师，对你们产生了很深远的影响，那你们是否也一直沿袭着他们的文艺路线呢？

**王** 我们可能没有他们那么文艺，我们在毕业后和读研究生的时候，并不是纯粹地念书，而是会接触设计项目。当然，我们还是会对艺术领域、对文学领域非常感兴趣，并把它们当回事情。

**ID** 虽然年龄相差得并不多，但你觉得，与您的那些年轻老师们相比，你们的经历相似吗？他们很多都成为了中国当今的“先锋建筑师”，他们和你们之间是否有传承的关系呢？

**王** 我没有刻意去想过这个问题，但直觉上觉得还是有差别。我们并没有在同样一个环境里学习与成长。在职业方面，他们毕业的时候与我们一样，只有两个选择，要么留校，要么去设计院；而就设计方法而言，大家其实都是在混乱中摸索，都不知道正确的方法，现在所产生的设计方法都是依据每个人不同的机遇与条件而产生的。这点与西班牙和日本那样的国家不同，那些国家在很大程度上都是有传承关系的，老师的设计方法会影响他的学生，虽然学生会有所变化，但是再改变，也是能看得出他们之间的传承关系。而我们，必须学会在混乱中寻找到自己的方法。

**ID** 你的方法是怎样的？

**王** 我想，在我们这批建筑师里，有些出国留学的，可能接受到了国外地区的思维方法；而没有留学的，则自己瞎打误撞。像王澍那种领悟力高的，会很早就形成了自己的建筑方法。像我们这些领悟力低些的，就慢慢摸索，直到最近才领悟到该怎么去做建筑。在此之前的很长时间里，我都会产生疑问，或者是我在设计的时候对自己的方案感觉很好，造出来以后，却发现其实非常乏味。我估计，其他人也会有着与我类似的困惑。

**ID** 具体是什么困惑呢？

**王** 我们当时受到的教育是“实用、经济、美观”的六字方针。所以，你对建筑的关注永远都是功能与造型。我的体验是这样的，即使建筑的造型很漂亮，但当你真的建造起一个房子后，你会发现，尤其是当建筑到了一定的尺度后，人不是因为建筑的漂亮才和它产生关系，而是因为与之有关系，才产生关系。你最终要关心的是“关系”，而不是“漂亮”。等我领悟到这点时，已经很晚了，大概就是在三四年以前。我以前做设计是做一种形式，其实即使建筑再漂亮，只要它与人没有关系，它就是空的。建筑不是展品，并不是用来给人们整天盯着看的，而是需要由人去经营的。但我们受到的是形式的教育，所以，当初，即使我对形式产生疑问，做建筑还只能从形式开始。因为只会这一手，抛弃了它的话，也不会其他的方法。

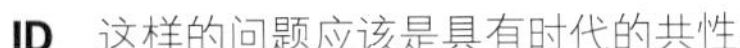

**ID** 这样的问题应该是具有时代的共性。

**王** 是的，我想很多人都可能和我有同样的疑问。也许，有些人至今还在“形式”这个问题上纠结，而很多人很早就能跳出这个问题。有些人，把“形式”这个问题异化，虽然还是在寻找形式，但此时的形式其实是与人，与其他事物发生关系的。我们这代人，每个人都在以这种方式去试图突破传统的教育方法。现在，作为老师，我就会以某种方法将这些心得传递给现在的学生。这样，他们就会有了起码的基础，也会更有目标。也许，我们那代人的摸索能为下一代推一把力。

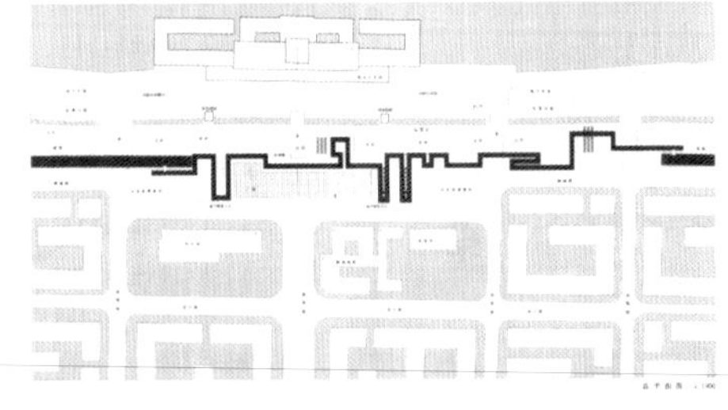

2003年，中国青年建筑师奖，设计竞赛佳作奖

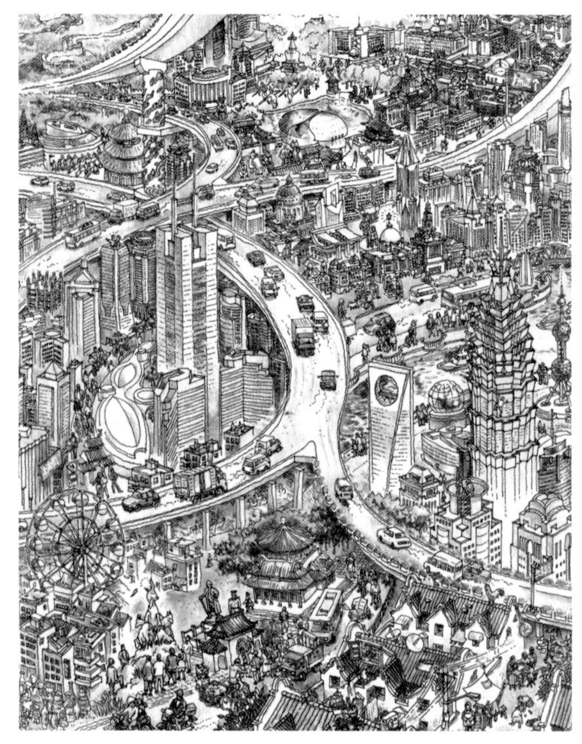

2002 年，第 65 期《时代建筑》杂志封面插图，“北京、广州、上海”

# 自由主义的散淡闲人

**ID** 除了教书外，您还有个事务所，介绍下现在的规模吧。

**王** 这是我和我的大学同学伍敬一起开的，我的合伙人是全职的，我是兼职的。这个事务所成立于 2007 年，最初也是摸索性的，后来才慢慢走上正轨。我们并不排斥商业项目，而且商业性项目还比较多。但是总体而言，项目的数量并不是特别多，但是也不至于饿死。

**ID** 规模多大？

**王** 刚开始的时候是五个人，目前，算上我们两个人，一共 8 个人。

**ID** 理想的规模是多大？

**王** 我理想中的事务所的状态就是 15 个人以内。

**ID** 您没有将事务所做大的打算吗？

**王** 我认为一个人最多能带七八个人，如果超过这个底限，就会在执行上多一个层级。我与我的搭档都比较喜欢直接能触摸到的设计，不是很喜欢靠一个中介才能接触到的那种设计。所以不打算做太大。

**ID** 平时的工作状态是怎样的？常加班吗？

**王** 我的生活还是很简单的，周末一般不上班，保证两天的休息时间。平时也基本上准时上下班。我会尽量把节奏控制好，这样大家都会比较轻松，可以做到不要加班的。一紧一松的工作状态实在太累了。

**ID** 下班后干嘛呢？

**王** 有时会把特别上心的项目带回家，不过这种情况并不多。我会把图打印出来带回家。我习惯在有了平面的大致关系后，在上面改来改去。我一般都用涂改液在图纸上修改，所以，我的图一般都会很脏。平时也不是特别忙，除了正常的家庭生活外，我在周末习惯补觉，睡懒觉。

**ID** 平时睡得很少吗？

**王** 还好，平时 12 点多睡，上班的话，就 8 点多起。

**ID** 这已经很多了！

**王** 我其实很羡慕张斌、王伯伟老师他们，尤其是王老师，当时，他项目紧张的时候，每天大概就睡两三个小时，第二天还要正常上班，而一些日本很好的建筑师也睡得很少，通常每天也只睡三四个小时。我不知道他们的精力是哪里来的，我肯定是睡得太多了。

**ID** 你这个年纪的老师，很多都是“空中飞人”，一直在外奔波，你是吗？

**王** 没有，我出差相对比较少，两周飞一次都是很少的。我记得，最频繁的出差就是在南京大学代课的那段时间，一周要去南京一次。一开始，我还是喜欢这种旅行的，后来，慢慢地就开始怕旅行了，就想睡在家里。当然那时候能与葛明老师一起上课这件事本身还是非常开心的。

**ID** 很多人都很羡慕你现在这样悠闲的状态吧。

**王** 有人羡慕你老有好玩的事情做，你又羡慕人家收入很高。其实，这些并没有太多的可比性。只是取决于，你把自己想放弃的放弃掉。其实，我念博士的时候，有的朋友就已经开公司了。当时我也很羡慕，我因为念博士，就啥都没有。后来，我也反思过这个问题。大家都是互相羡慕，这些事很难两全。如果希望得到经济上的回报，你就必须很累，我观察到，我的朋友就很辛苦，如果让我那么辛苦，我也不一定能坚持得下来。现在，我很喜欢做建筑，所以，我需要时间，我就会放弃没有必要的交际和开会，特别是那些与教学及设计没有关系的会议。

**ID** 很少在建筑师的社交场合看到你。

**王** 是吧？那一定是因为我的圈子太小了。目前，我更多的身份是一名老师。可能会因此错过很多机会以及好玩的东西，不过，可以多很多自己的时间也很好，尽管有时，睡觉睡睡，也就睡过去了。

**ID** 有没有什么爱好？比如摄影、收藏、玩车等等？

**王** 最近也没什么热衷，小时候会去攒邮票。那时候，大家都流行写信，有很多国外的朋友和同学之间相互通信，邮票其实带着点牵挂。现在，大家都不写信了，攒邮票就显得有些不真实了，我也不继续了，这个爱好就变成我爸爸的了，他现在经常买新邮票回来收藏。我现在还会去读一些和建筑学没有关系的书。

**ID** 什么书呢？

**王** 最近我在读一些宋代和明代的时候，外国人写中国的书。我个人挺喜欢的，因为中国人的文字都是比较抒情的，尤其那些比较高级的文人，他们喜欢把事情讲得朦朦胧胧，而外国人来到中国，他们写书的目的是向自己的国王汇报，所以，一般写得很真切。你会从他们写的书中发现，在宋代和明代期间，其实有很多和现在一样的东西，看着觉得心潮澎湃，被那些几百年都不变的事物所触动。另外，最近突然也喜欢起地质，读一些地质方面的书。那些书里讲的是我们觉得亘古未变的东西，其实是极易变化的。虽然那种变化需要多少亿年。

**ID** 从小就爱看这些？

**王** 不是，我小时候并不爱看书。本科阶段看的是专业书，博士阶段是必须看书。现在看的都是和专业无关的。我对文字的处理能力并不是特别强，只要文字绕两下，我就会跟不上，我更容易接受相对直白的书。END

# 他们说 ……#%#@*+$!..?

**张斌**

*致正建筑工作室主持建筑师，曾与王方戟在同济大学共事*

我与王方戟曾经在同济共事过一段时间，现在也一起合作一些项目。在我的印象中，王方戟走上“教学自主性”的道路非常早，在教学上一直很坚持。其实，中国的教育体系都有一套自己的固有模式，很多教师虽然会有自己的想法，但最终，还是会向体制屈服。但王方戟却不一样，他并没有因为顽固的体制而放弃在教学上的探索，可以说，在这方面，他是“同济第一人”。现在，也有一些老师会结合自己的实践，或者根据不同的课程特点来授课，但这样的创新，王方戟绝对是个开端。

他在教学上，非常强调与学生之间的互动，他对学生的要求也非常高。十年前，他就将课程设置得非常细，包括看基地、出概念、参考书等等细节都有落实，这在当时是非常先进的教育方法。同时，他也非常注重与学生之间的沟通交流。虽然，他在教学上，有点走西班牙的“路子”，但他却没有把西班牙人的那套完全生搬硬套到同济来，他一直试图将国外的那些教学方法结合中国的实际国情，加以本土化，一步步地去推进自己的教学。

最近，我知道他会去搞同济新开设的“大师班”，我想，这对他来说是个更好的机会，因为这是个完全不同于传统体制教学的模式，这对王方戟来说，也是个更为广阔的空间。

**汤桦**

*汤桦建筑师事务所主持建筑师，重庆大学建筑城市规划学院教授*

我们所处的那个年代，是个特别理想的年代。其实自从共产党领导了中国后，中国就进入了理想主义的时代。马克思主义本就是个乌托邦的理论，并最终在中国变成了全民的梦想，这对后来的社会也一直产生影响。但随着时代的变革，如今的社会基本被拜金主义笼罩，大多数人都没有了理想。

王方戟那个年代的学生其实还是很理想化的，和现在的学生不大一样，现在的学生比较功利主义，念书也是恰到好处，用的劲刚好及格，不想多花一分力气。因为他们有很多学业以外的事情要做，比如接项目，比如享受生活等等。我们那个年代，以及王方戟的那个年代，都没有外面挣钱的机会，而是会老老实实地在学校念书。

我们上学那会，因为是刚刚恢复高考，在我们的老师中，很多都是因为文革伤了元气，都会比较小心翼翼，但他们会有些有意思的业余爱好，比如，我就碰上过课上了一半，突然跳舞唱歌的老师。而我们这批学生的年龄差距很大，我那个班，最大的是 36 岁，最小的是 16 岁 . 很多同学都是“老江湖”，读过很多书，到了班级上，就会有很多东西交流。这种风气，在我们当时留校的那批人中留了下来。当时，学生和老师之间的关系并不像现在那样端着，大家的年龄差别也没那么大，就差几岁，所以，像王方戟那批学生，和我们就像朋友一样，在工作室里一起玩，没有任何的界限。

其实，在学生时代，王方戟就是班级里比较优秀的学生了，后来，他毕业后，也不是经常见面，只是在一些学术活动上，或者学校里遇见过，但我也会不定期地听到他的消息，得知他现在是同济的“人气老师”。就他个人而言，他是个逻辑性很强的人，而且也有很多创新的思维，很严谨。

**李颖春**

*香港大学建筑系在读博士，本科与硕士期间在同济就读*

我大四的时候，上过他一个学期的设计课，我一直觉得王老师是我真正的启蒙老师。第一，就是他把半个学期的设计过程安排得很细致，从最早的看基地，到出概念，再到根据概念寻找参考书，最后深化概念，他都有控制，这在 2003 年的时候是很新的教学方法，以前，我们的老师只是给个任务书，然后就不管了；第二，这是个很重要的方面，他是我知道的，同济里少数几个，不使用“精英教育法”的老师，他对每一组的学生，都给一样的时间，让他们表达自己，他也都花差不多的时间去点评指导，和不怎么出色的学生，也乐于私下进行交流。我记得当时，每一组学生讲方案的时候，他都做笔记的，而且都表现出很有兴趣的样子。其实，大多数的学生都是没有天赋的普通人而已，这种鼓励，会让普通的学生得到激励，更有动力去学东西。

他平时会推荐很多建筑书和建筑师给我们，让我们自己琢磨，鼓励我们对大师作品进行细致的分析，在平时的交流中，他对学生的建议都很中肯，不容易让人绝望，所以，学生都会觉得他人很好。作为老师，我觉得他能把姿态放得很低，这是非常不容易的，尤其是这个大家都在装 B 的年代。END

## 唐克扬

以自己的角度切入建筑设计和研究，他的“作品”从展览策划、博物馆空间设计直至建筑史和文学写作。

# 墙上的斑点

撰　文 | 唐克扬

《墙上的斑点》本是弗吉尼亚·伍尔芙一篇小说的名字。这篇小说始自作家某年冬月的一个不甚清晰的室内印象：

“……我抬起头来，第一次看见了墙上的那个斑点……”

在英文中，这句话是回溯的语气——要辨认出这个印象究竟如何发生只能回溯了：一个普通人的头脑如果是一面白墙，那么，在一个无比普通的日子里，这面墙一定承受着“千千万万个”诸如此类的印象。也就是说，在不确定的意识的海洋里，有无数个浮到水面之上的斑点，在伍尔芙的心目中，它们是“细小的、奇异的、倏忽即逝的，或者用锋利的钢刀砍下来的”。这些由四面八方涌向显意识的印象“宛如一阵阵不断坠落的无数微尘”，它们使得头脑的墙壁并不真的洁白无瑕（伍尔芙说：这就是真实的生活）。

当墙的距离和观察者足够近的时候，有很多人，包括某些在艺术史上留下大名的人，都注意到了时间在坚壁上微末的行迹：达·芬奇说，墙上的斑点也是一道美丽的风景；中国画论中不乏类似的记述，但最为人所忍俊不禁的一则轶事，是我听朱青生老师说的，未经严格考据，有关“关中画派”的领军人物石鲁。据说，在“文化大革命”中处境艰难的石鲁被勒令创作《转战陕北》，千沟万壑的黄土高原景色让他描绘得生动异常，同事问他写生的“秘诀”，四顾无人，画家指着乡村茅房尿水淋漓的墙壁，悄悄说：这就是我的“秘诀”。

其实，伍尔芙的斑点绝不至于如此实用主义，它不一定要成为现实的某种索引，而是有很大的不确定性，是一种思维的游戏——事实上作家本人也是这么干的。另外我自己的经历也可以作证：十一、二岁的时候，生活枯燥也没什么玩具，有时候我会故意延宕洗澡的时间为乐，那时的“浴室”只是简陋逼促的混凝土房间，坐在木盆里观察眼前的墙壁，可以在里面找到很多启人想像的“主题”——不仅如此，我还乐意自己和自己玩一种更“高级”的游戏：从浴盆里激起水滴喷射到墙上，会即刻形成大片的水渍，随即又慢慢干涸了。某些部分总是比周围颜色略微深些，随时间形成丰富多姿的渐变；某些部分因为墙本身质地的原因，又有缕缕截然的脉络，原来隐隐约约，乍看象若有若无的虫迹，但受了水之后便成为栩栩如生的、惊心动魄的大决战的兵锋——那些日子我正在看《太平洋战争》，焦急等待我“出浴”的家人一定不会想到，把敲门声隔绝在外面的晦暗破敝的墙壁，在那一刻变成了波澜壮阔的海洋。

若干年后，我读到木心先生的“狱中笔记”和他的绘画，几乎是瞬时间就理解了这位曾经的囚徒的创作，某些斑点被看成向外援引的“形象”，是因为人们在“里”和“外”之间下意识地保持了一种（主体对客体）审视的姿态，但困守在“塔中之塔”的人们是不在乎外面发生着什么的，设计师或是艺术家如果放弃“创造者”的本分，就可以发现他们和物质世界之间的更平等的关系：“这里（着重线是我加的），是一件具体的东西，是一件真实的东西。”

什么叫做“真实的东西”？大师和庸人有时会付诸同一种最基本的策略：那就是使人忘掉眼前的物，仅仅记住处理物的逻辑。建筑学的基本原则也支持着这种做法，人工构物的形状总是会现出边缘平直的线条，此外，因为材

料热胀冷缩的关系，砌体表面的拼接缝都是难免的，因此在立面内部又会出现若干截然的块面，综合以上两者，建筑物的"形象"很大程度上变成了体积（决定轮廓线）和结构（决定构造要素的几何关系）的拼图游戏。可是凑近来看，总还会有理性所不能道尽的细节，是"物"自身，比如混凝土墙的粗糙程度，抹灰的起伏和层次，甚至于玻璃表面的反光和折射——这些"真实的东西"都不是工程师的尺规可以界定的。而"真实的生活"常在这两种视觉间招摇不定。

不是所有可以"建造"的东西都是可以感受为斑点的——罗马人和阿拉伯人的马赛克镶嵌画的变化足够精微了，可是比起"不断坠落的微尘"来它们得算作规整了；纳米技术能让肉眼看不到的"机器人"拼出某种图案，可是，这样毫末的细节对于人的感觉锐度而言又等于不存在。"空间"之中能够负载的"形象"其实是一个又大又小的东西，人们对形象的感知是尺度摇移的结果：一方面有足够大的情境使得"画面"依然存在；另一方面，又有某种微观的意外，使恢宏的全局转化为一种截然不同的幻视的产物。

"又大又小"的秘密当然和物理尺度有关，尺度关系到人眼可以辨别的物质世界的数量级别，以及人对体积、空间和形象不同的感受路径——有一点却时常被人们淡忘，就是物理尺度的选择和感受往往需要某种外部条件，不同的文化情境中对于"小""大"常有两样态度，这对于感受力是有影响的。达·芬奇称得上是一位"大匠"，他的作品尺幅可大可小，但是都不乏使人击节赞赏的细节——他显然看见了墙上的斑点；中国画中本也有类似细密入微的制作传统，不过我们本土的营造方式似乎和这种传统有所出入，那和人与观察对象的距离有关：远涉重洋来谒见乾隆皇帝的马噶尔尼使团提供了不同文明对于"细节"的看法，他们曾经倾倒于远望中圆明园的辉煌，这显然也契合于雾里看花的中国式造境，可是乾隆"恩宠"特许他们近观"万园之园"，问题出现了——"当英国人看清了建筑上糟糕的鎏金细节的时候，都大失所望。"（《马噶尔尼中国行纪》）

如果说纷歧的感受是无法尽言的，那么它的起源则更为确凿重要。墙上的"那个"斑点是如何在现代人的感受中出现的？

这将是一个不限于伍尔芙小说也不限于建筑学的问题。不容忽视的细节是，那是唯一的，特定的一个斑点……伍尔芙那样受到良好教育的女作家的写作并不是茫无头绪的意识流，她的思考方式如果不是王阳明那般的格物致知，也几乎接近了——对她而言，斑点可能是一个嵌入物体中的物体（它是一枚钉子），是外来物体的投影（它是一片枯萎后变形的玫瑰花瓣），也有可能是物自身变化的结果（木墙上产生的裂纹）……这种错解一次次地被推翻，也许是因为她并不真地想弄清楚答案，也不认为这样的问题会有答案（按她的想法，当她的男朋友认为艺术品"背后"应该"包含着思想"的时候，他们两人就一下子分了手）。

这确实是一个哲学化的问题。那就是回到"真实的东西"的"现象学建筑"到底是一种建筑还是一种现象？在某些建筑师看来，经他们精心设计的物质世界的外貌是不容增削的，使用者不得不对它们小心保守，生怕出现某种意外的瑕疵，于是便有了洁白无瑕永远不会"脏"的建筑模型——电脑模型的出现对这部分设计师而言是件大事，在电脑的世界里是不会出现墙上的斑点的。与此同时，他们也永远没有机会凑近去看他们的作品，事实上，当观察者凑得足够近得时候，"脏"的说法也就不存在了，犹如身处浴室中的我，身边尽是各种象满壁水渍一样变化的痕迹。但建筑彻底消失的时候"现象"也就失去了现实的锚点，谁能将木心这样沉浸于自己世界的人唤出塔中之塔呢？

辨识墙上的某"一个"斑点需要保持适当的距离，心和眼协作的同时，也保持了适当的距离。伍尔芙举例说，木头是一件"值得加以思索的愉快的事物"，因为木头来源于一棵树，树木会生长，作为一个都会中的现代人，我们并不确信它们是如何生长起来的。然而它见证了人类及其环境最朴茂的区分和联系："我们半夜从一场噩梦中惊醒……急忙扭亮电灯，静静地躺一会儿，赞赏着衣柜，赞赏着实在的物体，赞赏着现实，赞赏着身外的世界，它证明除了我们自身以外还存在着其他的事物。"在这个意义上，伍尔芙需要这个斑点的存在以便持续地猜想，而不是凑上前去看个究竟或是干脆在上面泼一盆水。

她玩的游戏和我的截然不同。

我想，没有看过这篇小说的人一定和我一样关心它的结尾：墙上的斑点到底是什么？女作家提供了一个使人意外的答案，它既不是一个静止的外物，也不是任何投影或痕迹——它是一只蠕动的蜗牛，在它爬走之后，墙还是一面白墙，以上困扰我们的问题将不复存在。END

# 纽约大中央车站：一段城市地表的消弭史

## 谭峥

建筑师，城市学研究者。城市全景网站（URBANRAMA）创始人之一。加州大学洛杉矶分校建筑与城市设计博士研究生，主要研究西方现当代城市形态史与先锋建筑思想史。

在现代主义发生的前夜，由资本与技术的逐利意志驱动的癫狂式城市基础设施发展就已经为当时的西方建筑学不停地注入新形式能量。早在 Antonio Sant'Elia 的 La Citta Nuova 系列完成之前，受纽约与芝加哥的竖向城市延展方式的启发，建筑师就开始设想一种适应高密度城市的多重地表的城市空间。1910 年，一位在 Ecole des Beaux-Arts 受过正统建筑学训练的法国建筑师 Eugene Henard，在 RIBA 主办的伦敦城镇规划会上做了一个展望未来立体街道系统的汇报。在这次报告中，Henard 专欲挑战的是将城市街道视为掩埋了各种管线的土地表面的陈旧观念。他认为当时的欧洲街道依然只是带铺装的城市里的农垦路，且无法适应飞速发展的城市服务功能。此时的城市的排水设施、各种能源、水电管线一旦需要更新就必须重新开挖路面，但是这些管道的布置分属不同的部门，没有任何统一的规划与协调。Henard 构想了一种实际上悬空在地表之上的街道。在这个抬起的街道底盘之下的空间可布置各种运载系统。在传统的供水，排水，能源与电力之外，还有邮政，垃圾运输，海水供应，甚至新风系统。Henard 进一步设想了一种多层街道来应对这种城市基础设施的爆炸式需求，比如最上层的露天街道上供行人与马车通过，地下一层是地铁系统，地下二层是垃圾与排水，地下三层是物资供应运输道，等等。在 Henard 所提供的"未来"城市断面图上，我们甚至能够发现街道两边的公寓里还有作为个人交通工具的小型直升飞机与相应的维修、存储空间。而 Henard 对所有这些运载工具与机械设施的描绘精致得让一百年后的现代人汗颜。Henard 已经不是第一次深刻影响西方城市发展史了，在 1877 年，他第一个提出围绕一个下沉广场的城市环形交叉路的方案，这张设计图所表达的意象居然与上海五角场下沉广场的形式十分相似。

Henard 的对城市地表的颠覆式改造并非毫无根据。Henard 仅仅是第一个将工程领域的零散试验系统归纳为一种新城市观念的建筑师而已。事实上在当时依然被欧洲人视为化外之邦的美国，一个叫做 William Wilgus 的铁路工程师已经在他所熟知的纽约铁路系统试验多重地表的城市形态。William Wilgus 是一个没有受过高等教育的自学成才的铁路工程师。在进入当时的 Vanderbilt 家族所控制的纽约中央铁路公司（New York Central Railroad）之后短短 9 年（1903 年），就从一个基层工程人员擢升为第五副总裁并任总工程师之职。而此时的位于第四街（现在的 Park Avenue）与 42 街交叉口处的中央车站，是一个在一个 1871 年的法国巴洛克式建筑上增建的 6 层建筑（1871 年之前的中央车站在 42 街以南大概十个街区的位置，形式已不可考）。Wilgus 所面对的 42 街周边的城市环境相对于 1871 年初建时已经发生了天翻地覆的改变。在 1871 年，42 街是纽约的城乡分割线，42 街以北基本上还是乡村。在蒸汽机车时代，一个终端式火车站需要庞大的铁路站场，不用说反复的检修，就是每一次停靠重新发车都需要把火车头从列车组的前端调配到后端。为了满足几十个列车组同时调配火车头，中央车站在 42 街以北的 Park Avenue 配置了长达近十个街区的铁路站场。在 19 世纪中后期这个铁路站场横亘在一片农田中并不显得突兀，而在 20 世纪初，42 街以北的纽约已经成为当时的爱尔兰裔与犹太裔劳工、贫民的临时窝棚区，而同 Park Avenue 平行的第五大道已经成为纽约顶级的高尚地段。Park Avenue 周边的地价也水涨船高。各大城市开发商眼里都盯着这个香饽饽。同时，不断增长的铁路运输需求使得这个站场不堪使用，如何更高效地利用这一地块成为摆在 Wilgus 与他的中央铁路公司面前的一道难题。

20 世纪初的纽约见证了城市捷运系统的大发展。就在 42 街的地下，IRT（Interborough Rapid Transit）已经规划了多达 3 层的立体轨道线。整个42街又是各种地面轨道电车的运行线，中央车站已经几乎没有空间去扩展它的站场区。草根工程师Wilgus在此时做出了两个改变纽约城市史与整个西方建筑史的决定。首先，Wilgus把50街以后的庞大火车站场垂直分割为两层，也就是说，从纽约北郊来的一整束铁路轨道在大概五十几街之后就分叉为上下两层进入站台。第二，Wilgus建议组织一次建筑设计竞赛，为不堪负荷的仅仅使用了5年的中央车站重新设计一个站厅。对第一个决定来说，一系列的技术革新使得这个当时非常前卫的决定成为可能。在20世纪的第一个10年，电力机车开始逐渐替代传统的用煤作为能源的蒸汽机车。清洁的电力能源使得火车（事实上是电车）不再需要一个露天的排散烟雾与丢弃煤渣的大站场。同时，钢结构的成熟使得上下不对位的两个站场平台可以安全稳固地堆叠在一起。因此，在某些地方的铁路平台下使用了高达8英尺的巨型工字钢梁。更为惊异的是，在今后的几十年内，这个扇形的双层站场成为新的Park Avenue上的那些高层公寓与办公楼的地基。几十层的巨型建筑就直接架在铺设在一百年前的钢柱与钢梁上。这个创新性的决定也使得某块土地的上空权（Air Rights）成为可以与财产权分割交易的标的。

Wilgus第二个决定终于让建筑师勉强登上了前现代主义时期城市基础建设史的舞台。在18世纪末建筑师与工程师的制度性分野之后，建筑师就在城市的结构性改造中基本失语了。大的城市公共设施改造使得建筑师重新获取了一定的城市态改造的话语权。Wilgus组织了一次非常昂贵的设计竞赛，尽数邀请了当时美国的顶级建筑师事务所参赛，比如设计了纽约宾夕法尼亚车站与波士顿公共图书馆的McKim, Mead and White事务所，芝加哥哥伦比亚世界博览会的总规划师Daniel Burnham事务所等等。非常戏剧性的是，最后赢得头名的是一家名为Reed and Stem的事务所，该公司的合伙人Reed就是Wilgus的小舅子，这家事务所也曾经为纽约中央铁路公司设计过其他一些项目。更戏剧性的是，即使有Wilgus这层关系，Reed还是没有赢得最终的设计合同。一家根本没有参加竞赛的名不见经传的事务所Warren and Wetmore异军突起，获取了最终的设计合同。而Warren是当时的纽约中央铁路公司总裁William Vanderbilt的表弟。Wilgus所组织的设计竞赛与其说是遴选方案，还不如说是制造舆论，建立公司的高端市场形象。最后Reed与Warren组成联合设计团队，总算对公众有了一个还算体面的交代。

整个新中央车站的建设是一个史无前例的庞大工程，在纽约坚硬的岩石地基上开挖两层站场并不是一件容易的事情。仅清理地基就需要搬运多达两百万立方米的土石方。为了在工程建设的同时保证中央车站的正常运行，Wilgus设想了一种分“束”开挖的工程运筹策略，即每次仅开挖一长条（一束）铁轨所涉及的地基，这样就不会影响其余平行的铁轨。Wilgus还在整个齿形终端的前端设计了一个半圆回车场（Loop Track），这样部分的列车就能够平顺的在站内倒车，避免了倒转火车头所需要的时间与行车安全成本（快速的倒转火车头，涉及到扳道、脱钩，是一个需要经验与心理素质的危险任务）。由于这个规划中的半圆回车场所在土地的业主始终不肯出让地块，Wilgus的回车场直到1912年（主站厅落成前一年）才在通过巨资购得该块土地后得以顺利施工。

Section of Grand Central Terminal, *Scientific American*, December 7, 1912

Warren的设计方案的最大特色就是延续了1898年版本的联合候车室的设计，这个新的下沉式候车室（concourse）成为比巴黎圣母院更宏伟的当时世界最大的室内空间。在1871年那个版本的站厅中，各个班次具有各自的候车厅，这样本来就不开阔的候车空间被分割成了无数平行小空间，如果一个乘客要换车，他必须出候车室在临42街的前厅换到另一个小候车室。1898年的方案采用了联合候车室的设计。而Warren的设计方案将这个联合候车厅扩大为占据一整个街区长度的巨型大厅。该大厅长270英尺（约82.3m），宽120英尺（约35.6m），穹顶高125英尺（约38.1m），穹顶上的蓝底的12星座壁画是整个中央车站的镇站之宝，在1990年代末曾经过一次大修。下沉式候车厅的方案带来了从街道到候车厅的高差问题。建筑师的解决方案是用一段台阶解决这个高差，而Wilgus坚持用坡道将人群平滑的从街道平面引入地下一层的大厅。此时建筑师的传统形式嗜好不得不让位于运送旅客的效率。在Warren原来的大厅内只有西侧有大台阶，而1996年的改造在东侧新建了一个与西侧完全一样的台阶，甚至连台阶所用的石料也是从原来的采石场取得的。在主厅下是另一层站厅，两层站厅分别通过坡道引向长途车与郊区车月台。另一个创造性的地面交通协调措施是Park Avenue在46街分叉，穿过著名的Helmsley大厦的底部的两个月洞门，上升到二层高度，从大中央车站大厅的东西两侧穿过，再在42街上回合通过天桥穿过42街。这个环绕站厅的“裙房”正好形成了一些临街的可供出租的零售空间。

如果剥离了大中央车站的古典包扎（Beaux Arts）外皮，它就是一个功能主义的钢骨架机器。在地面上的华贵的宫殿下隐藏着一个四层的（更不用说无数内部使用的夹层）巨型地下工事。这个巨型工事就如同一个穿了洞的三明治。散开的站场如同蝌蚪头渐渐向北沿着Park Avenue收紧为蝌蚪尾，在97街才从Park Avenue的地下钻出。有意思的是，97街几乎也是富人区与贫民区的分界线。在整个中央车站的复杂工程措施中，两层地下站场对资本逐利的城市的积极作用是决定性的。而上空权从财产权的剥离更创造性地奠定了这个多重地表的世界都会的法理基础。我们可以想象，如果今天的Park Avenue还是一个巨大的弥漫着煤灰味的站场，整个东曼哈顿将无法成为一个整合的高尚社区，而Wilgus的那些地底下的巨大钢梁功不可没。

在大中央车站以及Park Avenue的成功城市营造范例的激励下，现代主义的幻想家们开始进一步构建一个向空中发展的自由流动的未来都会。在1920年代末，一批未来主义电影开始描绘一个将皮拉内西的地下网络宫殿搬向地面的垂直城市。其中有Fritz Lang的Metropolis以及David Butler的Just Imagine。同时，勒·柯布西耶在法国的殖民城市阿尔及尔开始设想一个凌驾于现有城市肌理之上的多层复合的网络式线性城市。而在1960年代，这种被Jos Bosman称为“Metacity”的多层城市理念更是大行其道，成为巨构城市运动所力推的城市意象。而此时，西方城市却渐渐失去了支撑多层地表城市的条件——人口密度。而在地球的另一端，尤其是在环太平洋的东南亚城市之中，Eugene Henard的乌托邦想象、Fritz Lang的空中天桥，正在成为协调城市密度的唯一选择，只是这一选择并不是自觉的，甚至是盲目的。更遗憾的是，文明的传递并不是连续的，一个文明往往要尝尽由于幼稚、草率与无知所带来的所有挫折，才会转身去反思另一个已成为历史的文明的经验与忠告。END

俞挺

上海人，双子座。

喜欢思考，读书，写作，艺术，命理，美食，美女。

热力学第二定律的信奉者，用互文性眼界观察世界者，传统文化的拥趸者。

是个知行合一的建筑师，教授级高工，博士。

座右铭：君子不器。

# 搜神记：勒·柯布西耶

撰　文 | 俞挺

你在10元面值的瑞士法郎纸币上可以看到著名建筑大师勒·柯布西耶瘦骨嶙峋的脸庞。

勒·柯布西耶事实上是出生在瑞士的法国人，起先是个画家。他的真名叫夏尔·爱德华·让内雷，他那钩形嘴的身躯和好询问的眼睛，加之他在争论中表现出来的生硬、烦躁专横，让他获得了勒·柯布西耶这个绰号，意思是乌鸦似的人。

他是个又黄又瘦、高度近视的人。他总是穿一身紧身的黑西装、白衬衫、黑领结，滚圆猫头鹰似的黑框眼镜，戴一顶硬顶圆礼帽，骑一辆白色的自行车，对那些感到奇怪的旁观者，他总是说，他的这副打扮是为了最巧妙的隐姓埋名，尽可能地象一个真正机器时代大量产生出来的活跃人物。勒·柯布西耶，纯粹主义先生，他曾经告诉大家如何不建房屋而成为著名建筑师，他先在自己的脑壳里建过一座光明城。他痛恨古老、稠密、肮脏、拥挤的巴黎，他由此提出一个著名的规划，打算在巴黎“右岸”清除六百英亩的“L”形基地；这就牵涉到围绕巴黎的中央菜市场、玛达勒纳广场、里派利街、歌剧院以及圣奥诺雷旧郊区的“特别不卫生和陈旧的地区”的整个毁灭。从这个“空白地带”，由一条汽车大道划分东西市区，巴黎的新商业中心和住宅中心将会耸立起十字形的高大住宅楼群，四周围着绿色空间。“想想这一切废物，迄今摊在地上像干面包渣子，把它们清除、拉走，代替的是巨大的明亮的玻璃晶体，高耸六百英尺！”勒·柯布西耶热衷于把大部分巴黎的历史沉积当干面包渣废物除掉。许多人以纪念和多样性的名义反对他的“沐浴于阳关空气之中的直立的城市”，但他骄傲地宣布已经考虑过巴黎已成过去的功能，留下孤独的纪念物一无所用——“我的梦想是看到协和广场再一次空旷、沉寂和荒凉……用这种方式，过去就不再对生活危险，而在其中找到正真位置”。这就是乌托邦对历史的报复。但勒·柯布西耶的特别的敌人是街道，他对它进行坚持不懈的斗争（如果宽大的话）。在勒·柯布西耶的不可推翻的巨大林荫道的透视图里蠕动着的双座小轿车仅仅意味着一件事：憎恨胡乱的车辆遭遇，它表现于一个完全致力于变迁的城市。 车辆将取消街道。新的乌托邦将取代老巴黎。这是勒·柯布西耶的辉煌之城，但不是全世界小资的理想之城。尽管规划没有实施，但人们对他的汹涌攻击还是让他成为了英雄。于是业务来了。

他称自己设计的房子为“居住的机器”。而他最著名的机器就是建成于1929年的萨伏伊别墅。萨伏伊别墅看起来也许像是一台实用的机器，可它实际上却成了一场但求艺术

性的闹剧。光秃秃的墙面都是由工匠们用昂贵的进口瑞士灰浆手工做成，他们精致得好比缎带，热诚得好比某个反宗教改革教堂那镶金嵌宝的中殿。现代主义者的口号是坡屋顶属于资产阶级，不过他们按照自己的标准来衡量萨伏伊别墅的平屋顶时同样更具毁灭性的不诚实。勒・柯布西耶不顾萨伏伊一家的抗议，坚持——应该只站在技术与经济的立场上——平顶要优于尖顶。他向客户保证，平顶的造价更低，更易于维修而且夏天更凉爽，萨伏伊夫人还能在上面做做体操，免受底层散发的潮湿水汽之苦。可是萨伏伊一家搬进去之后才一星期，罗歇卧室上面的屋顶就裂了缝，漏进来大量雨水，致使这个男孩胸部感染，而且转成肺炎，他最后在夏蒙尼的一家疗养院里住了整整一年才康复。在1936年9月，别墅正式完工的六年之后，萨伏伊夫人将她对这个平屋顶的感受（水渍斑斑）在一封信里倾诉了一番："大厅里在下雨，坡道上在下雨，而且车库的墙全部遭到水浸。更有甚者，我的浴室里也在下雨，它一遇到坏天气就会被淹，因为雨水直接就能从天窗漏进来。"勒・柯布西耶保证这个问题马上就能解决，然后不失时机地提醒他的客户，他的平顶设计在全世界范围内的建筑评论界得到了那么多热情的评价："您真的该在楼下大厅的桌子上放个签名簿，请您所有的来访者都留下他们的姓名和住址。您会看到您将收集到多少漂亮的签名。"不过这一"诱人"的敦请对于深受风湿之苦的萨伏伊一家而言几乎起不到什么安慰作用。"在我这方面提出无数的要求之后，您终于也承认您在1929年建的这幢房子根本没法住了，"萨伏伊夫人在1937年秋警告道。"您的职业操守危如累卵，我也没有必要付清账单了。请马上将其改造得可以居住。我真诚地希望我不至于必须采取法律行动。"仅仅因为恰逢第二次世界大战爆发，萨伏伊一家飞离巴黎，勒・柯布西耶才免于因设计了他那个巨大的无法居住的家居机器——虽说美丽绝伦——而跟他的客户对簿公堂。而萨伏伊别墅最后还是成为纯粹主义的国际式的象征。

虽然面临一系列的挑战，勒・柯布西耶是非常清楚他的工作与意识形态密切相关。但不同的是，他在处理建筑和政治权利两者关系时要灵活得多。勒・柯布西耶总是将自己置于一种意识形态的理解中：建筑还是革命？他曾经这样问自己。但他时刻准备着与任何一种政权体制结盟以寻求工作机会。20世纪30年代，他在法国与右翼民族主义政治势力打成一片。在法国维希他加入通敌卖国的政权，在阿尔及尔他也做了同样的事情。他甚至在毕加索接受法国共产党的加盟邀请后依然拒绝加入该党。然而不管他加入与否，勒・柯布西耶都是一次激烈运动的发起者。运动宣扬他的建筑作品本身具有政治颠覆性含义。1928年出版的一个小册子中，他被称做"布尔－什维克思想的特洛伊木马"，20世纪30年代被翻译引入德国再版。但实际上对勒・柯布西耶来说，他既愿意为斯大林工作，也愿意为墨索里尼服务。战后，他流浪于亚洲和非洲并服务于新独立的印度，完成了几个能表达独－立精神的低造价的公共建筑。最后，他回到了上帝身边，他突然抛弃了他创造的国际式。在法国建造了没有一根直线的朗香教堂，他自豪宣布这是一个耳蜗，上帝可以在这里听到子民的呼声。这个粗燥的水泥教堂让他的崇拜者和反对者同时不知所措，他们不得不称这个东西叫粗野主义，是天才的神来之笔。

1965年的某个晚上，他在皎洁月光下的地中海里畅游，但第二天，却被发现死在沙滩上。传奇结束了。

但当我看到有报道说，华西村打算建造328m摩天楼来作为的农村的安置房时，我不得不承认那一刻，决策者被勒・柯布西耶附体了。END

# 城市创造：2011 深圳·香港\建筑双城双年展

撰　文 | Vivian Xu
资料提供 | Miljenko Bernfest等

在全球变暖、可持续发展成为关键词的今天，城市设计师和建筑师如何应对前所未有的城市化带来挑战？一直致力于“城市或城市化”议题的深圳·香港\建筑双城双年展于12月8日如期开幕，努力将这样专业的建筑课题冲破，在政府、学术、商业和民间四个层面发动一场城市动员。

2005年，首届的“城市，开门”向国内的公众进行建筑学的普及，让建筑师们在大型公共展览中高唱主角；2007年的“城市再生”就像是给建筑师们出了一个“集群研究”的作业，为建筑师提供了一次运用自身学科视点行使话语权的机会，向公众展示了他们如何看待“深圳”这个正在迅速发展又迅速衰退更新的城市；2009年的“城市动员”则将“城市”作为一个引子，主题在名义上已经偏向社会学的考量，“底层的反馈”、“公民的意识”、“城市的动员”等等，策展人用那些并不全新的概念将建筑学置于城市的现场和公众的视界。

与往届双城双年展不同的是，本届双年展邀请了泰伦斯·瑞莱作为总策展人，他是历届双年展首位非华人策展人，他曾担任过纽约现代艺术中心MOMA总策展人、威尼斯建筑双年展评委会主席的国际知名策展人，此次，他提出了“城市创造”的策展主题。泰伦斯·瑞莱指出，本届深圳双年展将在特定的时间和地点的文脉中看待这些城市和建筑，“回顾历史，非常清楚的是每座城市并非持续的无止境地创造建筑。任何一座城市及它们的文化、建筑，其没落的原因通常是非常复杂的”，只有理解和尊重支持它们的环境条件，建筑才能创造城市，而且城市才能创造建筑。

此次展览包括主展览、深圳邀请展、深圳特别项目、外围展等数十多个子项目，将中国和深圳的案例与全球经验相比较。“6小于60”是本届双城双年展最富创意和吸引眼球的策划之一。策展人回顾了中国深圳、美国拉斯维加斯、荷兰阿尔梅勒、博茨瓦纳哈博罗内等6座小于60岁的城市的成败经验，并将它们汇聚在一个展厅，展示了各自历史和城市化进程的特点。展览采用触屏方式，以图表化、视觉化展示6座城市的信息和数据，让参观者置身其中，感受每一个城市的故事，分享不同城市之间的相关对比。

一条其实在华侨城创意园B10展厅内的一条“街道”是此次展览的亮点之一。总策展人泰伦斯·瑞莱邀请了12位新锐建筑师用他们自己的设计语言创作了12个不同的立面装置作品，而这12个立面又合在一起组成一条街道。其中，来自大舍建筑的柳亦春、MAD的马岩松、开放建筑的李虎作为国内中青年建筑师代表入选此项目。泰伦斯·瑞莱介绍，本次《街道》项目实际上是对1980年威尼斯双年展“街道”项目的致敬，当年参展“街道”项目的青年建筑师早已都成为建筑界的明星，如雷姆·库哈斯、弗兰克·盖瑞和矶崎新。

如同其他著名双年展一样，此次展览也引入了“国家馆”模式，共有五个国家馆在OCAT展场里出现。其中，最为大牌的莫过于首次出征威尼斯建筑双年展就摘得2010年度金狮奖最佳国家馆奖项的巴林馆。展品是将巴林的三间渔屋原地拆解，并将它们“突兀”地移植到深圳华侨城展览现场，这些自发的海边建筑曾是海岸线中美好的社会活动空间，但是快速的地产开发使得这些小屋消失了，参展者亦试图和深圳由一个小渔村发展成为一个现代化都市的经历发生共振。另外，智利、荷兰、芬兰和奥地利也设立了国家馆，在其中进行“给我避难所”、“新绘图芬兰新生代建筑师”、“维也纳住房革新的、社会的以及生态的”等展览。

据了解，本届双年展在深圳的展期结束后将“接力”至香港。END

# 给我一个舞台，我才能演我的戏

撰 文 | 丁奉

2011 年 12 月 8 日，由腕表设计先锋品牌 RADO 瑞士雷达表主办的“RADOSTAR PRIZE 雷达创星大赛中国 2011”，在历时 8 个月的激烈角逐后，于日前进入最终年度决选；同时瑞士雷达表更宣布成为 2011 北京首届世界智力精英运动会官方计时器。为此，瑞士雷达表于 2011 年 12 月 8 日在北京举行了一场别开生面的媒体发布会，以左脑、右脑的”Mind Game”为设计概念融合两者，不但体现了于世界智力精英运动会中瑞士雷达表所提倡的“Unlimited Spirit”，更与所有新锐设计爱好者们，共同分享 2011 雷达创星的诞生！

活动当天，RADO 瑞士雷达表全球总裁 Matthias Breschan 先生、瑞表集团中国区总裁陈素贞女士、瑞士雷达表全球市场营销副总裁 PatricZingg 先生、瑞士雷达表中国区副总裁万志飞先生、世界体育总会主席 Hein Verbruggen 先生、北京市体育局秘书长兼副局长李晋康先生、瑞士雷达表全球代言人刘若英小姐、中国知名设计师及品牌顾问陈幼坚先生、中国知名工业设计师杨明洁先生、大赛入围选手和众媒体嘉宾齐聚北京，共同见证一场由瑞士雷达表倾力打造的智力与创造力的盛宴。

RADOSTAR PRIZE 雷达创星大赛中国 2011 自今年 4 月开赛以来，共吸引超过 1200 多件中国本土年轻设计作品，在包括视觉设计、产品设计和空间设计三大竞赛组别中展开激烈竞争。著名设计师陈幼坚此次担任了比赛的评委，他的设计公司被 GRAPHIS 杂志评为全球十大设计公司之一，是唯一荣获此殊荣的设计公司。他本人的海报和腕表作品被美国旧金山市现代美术博物馆纳为永久收藏品。作为华人设计师，他的名声在设计界就如同成龙在演艺圈的地位那么响当当。著名的设计项目不甚枚举，包括日本西武百货、三井住友银行、香港国际机场、四季酒店等等的标识及视觉识别设计。上海外滩三号内的伊云水疗中心及黄浦会的室内设计等等作品则让陈幼坚在国内得到了更广泛的关注。早已深入人心的可口可乐的中文标志也是出自他的手笔。

颁奖典礼上，主持人陈正飞邀请出瑞士雷达表全球代言人刘若英小姐上台与众人分享其对设计与 Unlimited Spirit 的独到见解。一向热衷设计、力求变革的刘若英小姐认为，只有不断突破自我，敢于创造，才能带来全新的设计。随后，刘若英小姐连同瑞士雷达表全球市场营销副总裁 Patric Zingg 先生，以及此次大赛的评委——知名设计师陈幼坚先生与杨明洁先生、资深媒体人马焱洁女士与胡小惟先生，一起为 RADOSTAR PRIZE 雷达创星大赛中国 2011 的最终获奖作品得主颁奖：包括视觉设计、产品设计、空间设计三大类别的冠军，以及由官方网站票选出的最具人气雷达创星大奖获奖者皆获得由杨明洁先生亲自为此次大赛设计的纪念奖杯、RADO 瑞士雷达表 r5.5 系列自动机械腕表及获奖证书。

在获奖选手与颁奖嘉宾的合照之后，RADOSTAR PRIZE 雷达创星大赛中国 2011 顺利落下帷幕，与此同时，以摄影为竞赛主题的全新 RADOSTAR PRIZE 雷达创星大赛中国 2012 则在全场嘉宾的期待中正式宣告启动。END

# 聚合能量，璀璨未来

撰文 | Helen

贯穿于消费体验世界中的照明环境，作为高度整合的零售商业空间设计中的重要环节，越来越被丝丝入扣地渗透到消费世界的各种体验过程中。灯光照明的设计是否成功，不只是作为空间形态的构成而存在，其设计的合理与舒适度将直接影响到被服务人群的消费舒适度。怎样的商业零售照明环境能够为消费品牌带来最大的价值？现代零售业在商业照明的环节上，正向具有高度整合能力的照明解决方案不断提出新的要求和挑战。从问世以来就倍受关注和期待的LED照明技术，面向不断提升的需求和挑战，保持着不懈的创新力与超越性。

面向中国零售业市场发展的趋势，飞利浦全球照明研发中心为中国商业照明领域量身定制了一款LED照明的代表之作——璀璨LED筒灯（MAD）。透过由混bin技术及Rebel ES LED模组实现的高质量照明和光色一致性的效果，无疑是这款璀璨LED筒灯（MAD）的显著特点。而它的高效节能表现在此基础上也更显卓越，其节能率超过30%，由此带来比使用其他光源更低的维护成本，令零售业主的投入成本预计在一年内收回。除了本身的应用外，这款灯具的环保理念还体现在安全可靠的包装上：它有别于传统设计的包装，严格保护产品，以减少运输中的损害。此外，专业一体化的设计是璀璨LED筒灯（MAD）核心特点：其高度聚合浓缩的设计，本身就如同一件装饰品，具有精密且优雅的特征，成为浑然一体的空间构成元素，和空间的平面布局、材料、产品陈设、色彩等形成充满灵感的巧妙搭配；并且以灵活可塑的照明系统，适应不断的调整定位以适合陈列商品的更替；其正确的色温，确保了商品以很好的光线被烘托。在璀璨LED筒灯的照射下，商品被介绍和呈现。它产生情感，把商品变成欲望客体。

璀璨LED筒灯在商业零售领域的卓越表现同时也反应在酒店空间中。当其提供的照明面对宽敞的核心区（即公共区域）和重点区域（私密一点的空间）时，它分别考虑到了柔光环境照明和按个性特征要求来组织空间的照明，以适应人们在不同区域的心理诉求和体验层次。总之，璀璨LED筒灯（MAD）的研制和开发，正是立足于营造空间舒适的照明环境，并提升以服务和体验为核心的空间品质。 对于那些在激烈市场竞争中寻求成本优先型商业智慧的零售业主们，其持续的能量和效率改进，精致巧妙的设计，加上快速安装给整个施工周期带来的成本可控性，无疑是成就零售业主们快速实现高效优质照明，继而使其商业零售环境在众多竞争者中脱颖而出的不凡创意的策略之举。

LED在其照明产品上的每一次突破，诸如飞利浦璀璨LED筒灯的出现，伴随其遍布全国的商业照明中心，给设计师还原设计诉求以更大空间，也给商业空间的设计注入了能量，同时让设计师和零售商们进一步思考：好的商业照明环境，让一切有形的服务与无形的体验同时发生作用——包括触摸产品时的舒适性，浏览商品时的通畅感，购物环境的气氛，品牌文化的传递，甚至于柜台边的消费感这些触摸不到的瞬间，看似无法等同于一个产品，却是有重量，并且有意义的。END

## 飞利浦“办公·人·灯光”专题研讨会暨飞利浦办公照明创意大赛颁奖典礼

飞利浦“办公·人·灯光”专题研讨会暨飞利浦办公照明创意大赛颁奖典礼

近日，飞利浦“办公·人·灯光”（Working People Light，以下简称 WPL）专题研讨会在上海当代艺术馆顺利举行。延续飞利浦 WPL 的主题，此次研讨会旨在借助各方力量，引起全民对办公照明的重视，以打造美好舒适的办公照明环境。飞利浦邀请了许多专业设计师与嘉宾共同探讨了“灯光”、“办公”与“人”三者之间的关系，同时展示了飞利浦最新的办公照明解决方案。

办公灯光对员工究竟有什么样的影响？其实，灯光与人息息相关，好的照明能为企业与员工带来诸多裨益。作为世界照明行业的领导者，飞利浦一直致力于通过有意义的创新提供给人们更为健康舒适的节能照明解决方案。

以飞利浦 LED 系列办公照明产品为例，其充分满足了照明在光照等级、眩光控制、色温、显色性、节能等方面的综合要求。飞利浦 Lumalive 智能光照系统则是创意办公照明的典范。Lumalive 解决方案将声学功能、柔软织物以及可编程的彩色发光二极管融为一体。通过对色彩、柔软纺织物和环境光照的巧妙利用，营造出一种绝佳的心境和企业形象。与丹麦知名高端工程面料的领导者 Kvadrat 合作，运用其防音布料可以减少环境噪音，可应用在墙面或天花板，在创造一个更为安静的办公环境的同时又将办公室打造得更有活力。

同时，此次也同期举办了飞利浦办公照明创意大赛的颁奖典礼，该竞赛致力于挖掘最原创的设计力量。

## “钲礼市集”市集露天影院首次放映

由“钲艺廊”主办的首届“钲礼市集”于 2011 年 12 月 15 日至 2 月 29 日在上海新天地时尚地下一层举行。主办方表示：“‘没有的市集’才是梦想的市集。‘没有的市集’有的是自得其乐，有的是美好物件，有很多要感谢的人们，才办起这‘没有的市集’。”

2011 年 12 月 29 日下午，主办方还在这个特别市集，首次放映了完整版的《大自鸣钟 DZMZ》，该短片是由陈意心执导。陈意心事上海独立音乐人、导演。2004 年起坚持使用上海话进行音乐创作，2009 年发行专辑《曾经》，独创 ShanPop（上海香波流行乐）形式，用电影、音乐、动画、绘画、记忆、历史等多种元素，呈现他心目中的海派文化，“我坚信上海话歌曲会像当年粤语歌一样成为潮流。”他导演的独立电影《大自鸣钟 DZMZ》，取景于上海里弄，并以上海话对白进行表达，入围今年上海国际电影节。对于该电影的第二部，陈意心表示也会坚持使用上海话对白，“因为讲的都是上海人生活中的点滴，所以用上海话对白可以保持本土的原汁原味。”

## 室内装饰装修制图有了国家行业标准

2011 年 7 月，中华人民共和国住房和城乡建设部正式发布了国家行业标准《房屋建筑室内装饰装修制图标准》（JGJ/T244-2011）本标准由住建部标准定额研究所组织，中国建筑工业出版社出版发行，施行日期为 2012 年 3 月 1 日。本标准由住建部负责管理，由主编单位东南大学建筑学院负责具体技术内容的解释。本标准的主要技术内容是：1、总则；2、术语；3、基本规定；4、常用房屋建筑室内装饰装修材料和设备图例；5、图样画法。

为了帮助广大读者更好地理解《房屋建筑室内装饰装修制图标准》的内容，由本标准的主编东南大学高祥生教授主持编写了《房屋建筑室内装饰装修制图标准实施指南》一书，该书对本标准中涉及其它标准的内容作了补充，同时对计算机制图的方法作了介绍，对标准的部分规定作了进一步说明，并辅以工程图例阐释相关内容。该书可以帮助房屋建筑室内装饰装修技术人员更深入地理解及把握本标准，同时也有助于其更加迅速地将本标准应用到实际工程中去。

2011 年 12 月 10 日东南大学举办了《房屋建筑室内装饰装修制图标准》成果报告会。国家住建部、江苏省住建部、东南大学的领导和室内装饰装修行业的专家、编制组和审核组的成员以及十余家新闻媒体的记者共同参加了此报告会。报告会上参会者一致认为：国家住房和城乡建设部发布的《房屋建筑室内装饰装修制图标准》统一了室内装饰装修设计的图示语言，推动设计质量的提高，标准的发布填补了建筑设计制图系列中的空白，并标志着我国建筑室内装饰装修行业正在逐步走向法制化、标准化。

## CNN 选出全球 12 大绿色建筑

近日，美国有线电视新闻网 (CNN) 评选出 2011 年度 12 大绿色建筑。这些建筑都有个共同点：它们都因为采用促进环保的创新设计而在今年获得全球几大年度建筑大奖。由霍普金斯建筑事务所设计建造的伦敦奥运会室内自行车赛车馆榜上有名，该场馆除了类似自行车赛车道的外形让人眼前一亮外，它还是一个绿色环保的奥运会比赛场地，设计者在赛车场顶部设计采光天窗，在阳光充足的白天可以直接利用自然光。其他获奖的还包括印度海得拉巴的海得拉巴公园酒店、日本京都的下贺茂大厦、瑞士的洛咖诺小屋、瑞士苏黎世的施华洛世奇总部大楼、德国汉堡的马可·波罗塔等，中国项目无一入选。

## 明星建筑事务所建立 IT 联盟

近日，美国建筑师弗兰克·盖里的 IT 部门与许多建筑大腕合作，以帮助建筑师避免延误建筑项目。联盟将考察包括减少浪费和建筑项目延误等问题，并与盖瑞技术公司合作，开发新的 IT 解决方案。盖瑞希望他们创造的解决方法在全行业推广，给建筑师更多的管理手段。这个团体的成员包括扎哈·哈迪德和帕特里克·舒马赫、蓝天组（Coop Himmelblau）的共同创始人沃尔夫·普瑞克斯、UN Studio 工作室共同创始人本·范·伯克，以及莫舍·萨夫迪和 SOM 建筑事务所的退休名誉董事长大卫·乔尔兹。

## 2012 上海国际室内设计节

作为联合国教科文组织命名上海“设计之都”以后连续举办的第三届大型国际性室内设计产业交流盛会，“2012 上海国际室内设计节”即将于 2012 年 4 月 9 日至 15 日在上海举行。在上海“推动文化创意产业成为支柱性产业”的新要求下，第三届“设计节”将以新的高度，致力于构造一个“设计与产业、设计与生活、设计与品牌”的国际化交流平台，并立志成为进一步落实《上海市文化创意产业发展“十二五”规划》、赢得全球室内设计界万众瞩目、广泛参与、加速提升上海“创意城市”软实力的重要活动之一。

“2012 上海国际室内设计节”由中国室内装饰协会、上海市经济团体联合会、联合国教科文组织“创意城市”（上海）推进工作办公室联合主办。届时，“国际室内建筑师和设计师团体联盟（IFI）”、一批世界著名室内建筑设计大师、联合国教科文组织命名的“设计之都”室内设计专家，巴黎、米兰、纽约三大国际家居会展组委会代表，纽约、芝加哥、巴黎三大国际设计中心，以及意大利、比利时、法国、德国家具协会和国内各有关省市室内装饰行业协会等团体组织成员将齐聚上海，共同参与支持“2012 上海国际室内设计节”，其国际化程度、活动内容、参与组织和人数都将超过前二届的规模水平。

## 曾坚先生追思会在上海举行

2011 年 12 月 30 号下午，中国建筑学会室内设计分会上海专业委员会、上海市建筑学会室内外环境委员会、上海市装饰装修协会设计专业委员会、现代建筑集团华东建筑设计研究院有限公司在上海现代建筑装饰环境设计研究院有限公司三楼会议室联合召开了“曾坚先生追思会”。参加会议的有曾坚先生在华东院工作时的同事、好友，有室内设计行业、家具设计行业的先辈和晚辈，有现代建筑集团的有关领导和专家 20 余人，上海市建筑学会理事长吴之光主持了会议。大家回忆了和曾坚先生一起工作时的一件件难忘小事、和曾坚先生一起度过的一段段美好时光。大家一致认为，今天我们在这里缅怀曾坚先生，就要把他那种乐观的生活态度、刻苦的专业精神、无私的奉献精神和积极的开拓精神传承下去，为我们的行业进步多做一份贡献。